岩体破坏的非线性理论分析及应用

许传华　任青文　编著

北　京
冶 金 工 业 出 版 社
2020

内 容 简 介

本书针对岩体破坏分析中的两个重要问题：参数选取和岩体破坏的判别，从人工神经网络模型、熵突变准则、岩体位移时间序列预测、位移突变数值模拟分析、支持向量机和模拟退火算法的位移反分析等方面，论述了岩体破坏的非线性理论分析及应用。

本书理论性和实践性密切结合，可供矿山和水利水电科研院所工程技术人员、大专院校师生学习参考。

图书在版编目(CIP)数据

岩体破坏的非线性理论分析及应用/许传华，任青文编著.—北京：冶金工业出版社，2020.11

ISBN 978-7-5024-8509-2

Ⅰ.①岩… Ⅱ.①许… ②任… Ⅲ.①岩体破坏形态—非线性理论—研究 Ⅳ.①TU452

中国版本图书馆 CIP 数据核字(2020)第 205001 号

出 版 人 苏长永
地 址 北京市东城区嵩祝院北巷 39 号 邮编 100009 电话 (010)64027926
网 址 www.cnmip.com.cn 电子信箱 yjcbs@cnmip.com.cn
责任编辑 徐银河 程志宏 美术编辑 吕欣童 版式设计 禹 蕊
责任校对 石 静 责任印制 李玉山

ISBN 978-7-5024-8509-2
冶金工业出版社出版发行；各地新华书店经销；三河市双峰印刷装订有限公司印刷
2020 年 11 月第 1 版，2020 年 11 月第 1 次印刷
169mm×239mm；8.5 印张；1 彩页；162 千字；124 页

50.00 元

冶金工业出版社 投稿电话 (010)64027932 投稿信箱 tougao@cnmip.com.cn
冶金工业出版社营销中心 电话 (010)64044283 传真 (010)64027893
冶金工业出版社天猫旗舰店 yjgycbs.tmall.com

序

岩体系统属于高度非线性复杂大系统，并处于动态不可逆演化之中。其中非线性是岩体力学行为的本质特征，因此对它的力学行为进行预测和控制，可以借助当代非线性科学理论，建立适合于岩体力学与工程特点的岩体非线性系统理论。本书作者在总结和回顾过去工作的基础上，结合索风营水电站地下洞室、包钢白云鄂博铁矿边坡、紫金山金铜矿等大型岩土工程实例，详细阐述了岩体抗剪强度参数选取的人工神经网络模型、岩体破坏分析的熵突变准则、岩体失稳过程中的耗散结构机制、岩体位移时间序列的预测与突变分析、支持向量机和模拟退火算法的位移反分析理论等方面的内容，具有独特的视角和观点。

本书重点描述岩体破坏分析中的两个重要问题：参数选取和岩体破坏的判别，是通过非线性理论确定岩体破坏分析中所需的岩体力学参数以及基于岩体结构信息熵和位移的突变破坏为判据，从而建立一个相对较完整的岩体破坏分析的非线性模型，对力学的稳定性理论、岩体的破坏理论等方面都有所拓广和创新，所提出的新方法则为岩体工程的分析和设计、相关技术问题的解决提供新的理论和方法。

本书内容丰富，体现了科学性、系统性、新颖性和实用性。它初步形成岩体稳定的非线性研究的一个相对较完整模型。该模型不仅可供岩体工程设计时参考，也可作为岩土工程类高校教学辅导教材，本书的出版对岩体破坏的非线性理论分析的发展将起到积极的推动作用。

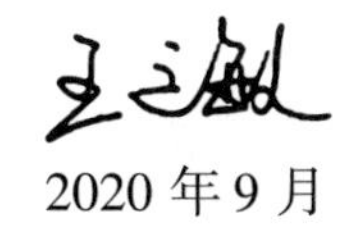

2020 年 9 月

前　言

近年来，非线性理论研究以及这些非线性理论在固体材料与结构失稳相关分析、研究与应用，不仅为其在岩体力学中的应用奠定了基础，也为岩体工程破坏分析提供了全新的理论与方法，为岩体工程失稳预测提供了科学依据。岩体工程领域已经开始利用非线性理论进行相关研究，发表了许多论文，并取得了一定的成果。对于岩体力学参数的确定，目前的方法主要分为两类，一类是通过现场试验或现场调查获得基本的岩石力学参数和相关的地质条件，然后利用相关经验公式和模型选取岩体的力学参数；另一类则是反分析方法，即利用现场位移或应力等实测指标，反演分析岩体的力学参数。目前工程上确定岩体的力学参数的方法主要有现场试验、经验公式以及反分析法等，但由于这些方法存在工程费用高、处理时间较长或者由于考虑因素不够全面导致计算结果与实际工程有较大的差异等不足，促使人们采用新的理论和方法去选取岩体的力学参数。事实上岩体作为地质体拥有十分复杂的力学特性，它们的力学行为是多种因素共同作用的结果，常用经验公式很难将这些因素，尤其是地质环境因素带入传统模型加以计算，因此其预测结果与实际工程有一定的差异。在确定岩体力学参数的反分析方面，由于位移量是描述物体受力变形形态的一类重要的物理量，目前已被用作反演确定初始地应力和地层材料特性参数的主要依据。最优化方法是进行位移反分析的有力工具，已有多种优化方法用于位移反分析，解决问题的范围也日渐广泛。但其计算工作量较大，解的稳定性较差，易陷入局部极小值，特别是待定参数的数目较多时，费时且收敛速度缓慢，不能保证搜索收敛到全局最优解。

在岩体稳定性判别方面，人们常采用直接和间接两种方法进行研究判断。直接法就是在岩体的安全度分析中，给出标志岩体进入极限平衡状态的判据（即失稳判据）。间接法就是通过岩体的位移和变形（或变形率）进行判断。然而这些传统的破坏判据在解释围岩中塌方、岩爆等突发性的地质灾害时往往是失效的。特别是对于二维问题，还没有统一的具有理论基础的判据，这就给岩体工程安全度的确定带来困难，有一定的人为性。因此，从理论上对这一问题进行深入的研究很有必要。

本书共分为6章，内容主要包括：岩体破坏的非线性理论分析的发展现状与趋势；岩体抗剪强度参数选取的人工神经网络模型；岩体破坏分析的熵突变准则及应用；岩体位移时间序列的预测与突变分析及应用；基于位移突变的岩体稳定性数值模拟分析；支持向量机和模拟退火算法的位移反分析理论及应用。

本书在编著过程中参考了许多相关的教材、专著与论文等文献资料，作者在此对文献的作者表示衷心的感谢！并对在本书编著过程中得到的专家、教授、学者指导表示衷心感谢！此外还特别感谢中钢集团马鞍山矿山研究总院有限公司周玉新教授级高级工程师对本著作给予的指导和帮助，由于笔者水平和时间所限，书中存在疏漏和不足，恳请广大读者批评指正！

许传华

2020年8月

目　　录

第1章　岩体破坏非线性理论分析的发展现状及趋势

岩石力学是一门年轻的学科，目前使用的理论主要是连续介质力学和地质力学。近年来，随着不连续介质岩体力学迅速发展，岩石损伤、断裂、固流耦合等力学问题也有一定进展。然而，岩石是一种十分复杂的地球介质，其复杂性、模糊性和不确定性，使得传统的力学方法难以很好地应用，具体表现在计算中荷载和力学参数难以确定，缺少公认的力学模型和计算方法，计算结果精度低等方面[1,2]。同时随着岩石力学的迅速发展和研究工作的不断深入，人们发现有许多传统理论难以解释和解决的问题，因而需要引进和完善新的适合岩石力学特点的理论和方法。

1.1　岩体破坏非线性理论发展概述

自然界的岩体结构非常复杂，它涉及的工程地质条件及岩体性质参数是多变的和随机的，难以用确定的模型描述。从材料力学和结构力学中引进的确定的、线性的、连续的、可微分经典理论与实际情况相去甚远，许多现象都无法解释。事实上，岩体演化活动特征既不是来自严格的周期性，也不是来自均匀分布的随机性，而是来自岩体失稳孕育过程中的内在随机性。岩体失稳应视为条件复杂的开放系统，它与周围环境不断交换物质和能量，它们之间存在着相互联系和制约的关系。再者，岩体失稳预报中所用的斋藤模型、统计预测模型、灰色理论等，没有考虑滑坡等岩体系统内在的本质作用规律和内在随机性，难以描述从连续到突变，尤其在突变点时滑坡等岩体失稳孕育过程的动力学行为，理论模型均属事后检验方法。对地质体中的各种复杂现象，如果单纯地增加观测资料和扩大计算能力，则难以解释，必须从根本的观念上加以变革[3]。

岩体系统是高度非线性复杂大系统，并处于动态不可逆演化之中。其中非线性是岩体力学行为的本质特征，根据引起非线性的原因及不同特点常常将其分为材料非线性、几何非线性、接触非线性和耦合非线性，具体表现在：

（1）岩石在初始变形阶段，线性特征占主导地位，但当变形进入塑性、断裂、破坏后，非线性因素占主导地位，就会在系统中出现分叉、突变等非线性复杂力学行为。

（2）岩石力学与工程属于自然化工程，属天、地、生科学范畴，规模大，系统复杂，原始条件和环境信息不确定。通常，岩体的变形、损伤、破坏及其演化过程包含了互相耦合的多种非线性过程，因而决定论和平衡态的传统力学方法难以描述系统的力学行为。

（3）由于岩石成分与构造具有复杂性与多样性，且因为岩体工程开挖和施工工艺的影响，构成了岩石力学具有高度的非线性。

（4）岩石的演化过程是一个动态的非线性不可逆演化过程，各种参数随着岩体的演化而处于不断变化之中。

由此可见，岩石比起其他材料（例如金属、混凝土乃至土体），其力学行为的非线性和动态演化的特征显得更为显著和强烈。因此，要对它的力学行为进行预测和控制，必须借助于当代非线性科学，建立适合于岩石力学与工程特点的岩石非线性静力和动力系统理论，作为21世纪岩石力学理论发展的突破口[1~3]。

岩体工程破坏是一个相当复杂的过程，通常伴随着变形的非均匀性、非线性和大位移等特点，是一个高度非线性科学问题，迫使人们必须解决岩石材料稳定性与唯一性问题。因此，岩体工程破坏的研究要取得突破性进展，迫切需要引进非线性科学研究的原理与方法。近年来，有关岩石失稳破坏、参数选取等方面的非线性理论研究，以及这些理论在固体材料与结构失稳分析的研究与应用不仅为其在岩体力学中的应用奠定了基础，也为岩体工程破坏分析提供了全新的理论与方法，为岩体工程破坏预测提供科学依据[1~18]。

随着极限平衡分析、数值计算等各种计算分析方法在岩体工程领域广泛的应用，如何选择计算时需要的工程岩体力学参数已成为关键问题，因为这些输入的力学参数直接影响分析计算的结果。对于重要工程，可通过现场大型岩体原位试验，取得较为符合实际的岩体力学参数。但原位试验受时间和资金的限制，不可能大量地进行，会有一定的局限性。利用经验公式确定岩体力学参数是最常用的方法。众所周知，经验公式是以一定数量的室内和现场试验资料为依据，通过回归等手段求出的，未能把较多的地质描述引入其中，各个经验公式计算同一岩体时，离散性很大。岩体作为地质体拥有十分复杂的力学特性，它们的力学行为是多种因素共同作用的结果，如形成过程、地质环境和工程环境等，常用经验公式很难将这些因素尤其是地质环境因素带入传统数学模型加以计算，而只是将几个较为常见的因素而不是全部因素作为变量来建立函数进行计算。由于这些公式忽视了许多因素，因此其预测结果与实际工程有一定的差异[4]。处理非线性方法中的人工神经网络作为人工智能的一个分支，能将所有控制因素作为一个整体来考虑，并不仅局限于定量因素。因此利用人工神经网络合理选择工程岩体力学参数，对岩体稳定分析计算具有重要的实际意义。

工程岩体经人工逐步地多次加载或卸载，岩体本身所具有的平衡结构受到严重的干扰，为了维持或恢复原有自身的平衡，在开挖强度不是太大的情况下，岩体将通过应力和变形等方式自动地对其本身结构进行一系列调整，最后达到新的平衡，如开挖过程中出现的自然塌落拱便是岩体自我调整的结果，但是，当人工开挖强度过大，对岩体的干扰（破坏）作用超过了岩体自我调节的限度时，再加上其他外界因素（如地下水、地震等）的影响，岩体将随着时间的推移由原来的稳定状态走向失稳[5]。在此演化过程中，一般要经历三个阶段，即平衡态→近平衡态→远离平衡态，这三个状态描述了开挖过程中岩体变形破坏从无序向有序的演化过程。在向失稳态演化过程中岩体必然产生一些变形破坏现象，此时系统有熵产生，它使系统进化。在进化过程中，熵产生伴随着系统内部有序（不稳定性）和无序（稳定性）的存在与竞争。此时产生的熵必定为负熵，否则岩体系统的演化必将停止[19~22]，由此可见，岩体失稳过程中必伴随有减熵的过程[3]。因此，熵可用于描述工程岩体演化过程的非线性和自组织性，并由此可定义出安全度（岩体演化状态与临界失稳态的距离作为安全度）。通过熵的研究能够揭示岩体失稳过程中更多的规律，建立更符合实际的失稳判据。

在岩体的安全度分析中，需要有标志岩体进入极限平衡状态的判据（即失稳判据）。在之前的研究中，多以强度理论加安全储备作为岩体稳定与否的衡量标准。强度理论一直把“破坏”作为一种状态来研究，认为一旦岩体所处环境的应力组合状态达到或超过某一破坏判据，岩体就会出现失稳破坏。然而近年来许多研究表明：岩体发生“破坏”后仍能承担相当程度的荷载，表明岩体“破坏”应是一种过程，人们通常把这一过程叫作“岩石材料的劣化”。并且传统的破坏判据在解释围岩塌方、岩爆等突发性的地质灾害时往往是失效的。因此，很有必要引进新的理论来研究岩体的破坏判据问题[23~25]。目前常用的判据有两大类：收敛性判据和突变性判据[18]。然而，用不同的方式使系统达到极限平衡状态或采用不同的安全度一般是不相同的。目前，对于三维问题，还没有统一的具有理论基础的判据，这就给岩体工程安全度的确定带来困难，有一定的人为性。因此，必须从理论上对这一问题进行深入的研究。

我国的水利水电高边坡工程、矿山高边坡工程及重要的危岩体，一般均积累有长期的安全监测资料。其中位移是岩体结构在开挖或变形过程中反馈出的重要信息之一，通过监测岩体结构位移的变化，可以及时了解岩体结构的稳定状态，从而可以根据需要对其进行稳定性控制。另一方面从系统论的角度来理解，岩体失稳过程可视为一个不断与周围地质环境交换着物质、能量和信息，从外界汲取负熵而达到从无序走向有序的开放的复杂系统，这一复杂系统的行为则充分体现了岩体的自组织特性。由于“时间序列包含着远为丰富的信息：它蕴含着参与动态的全部其他变量的痕迹，并使人们得以验证潜在体系的某些与任何模型化无关的重要性[54]”。因而，根据非线性自组织理论，岩土体的变形破坏过程可采用以位移为变量的非线性动力学方程定量描述，根据建立起的工程岩体非线性动力学模型，应用突变理论分析岩体失稳的充要判据。因此，用监测到的历史位移值进行建模以对其未来的演化规律、发展趋势等进行预测，及时掌握岩体的变化规律，建立坝基和高边坡等岩体工程的实时监测预警系统有重要的意义[10]。

在岩体工程领域，位移反分析法已引起人们的广泛关注。它以工程现场的量测位移作为基础信息反求实际岩土体的力学参数、地层初始地应力以及支护结构的边界荷载等，为理论分析（特别是数值分析）在岩体工程中的成功应用提供了符合实际的基本参数[10]。位移反分析法按照其采用的计算方法可分为解析法和数值法。由于解析法只适用于简单几何形状和边界条件问题的反分析，难于为复杂的岩体工程所采用，而数值方法则具有更普遍的适应性。数值方法按实现反分析的过程不同又可以分为逆解法、图谱法和直接法三类。其中直接法把参数反分析问题转化为一个目标函数的寻优问题，直接利用正分析的过程和格式，通过迭代计算，逐次修正未知参数的试算值，直到获得“最优值”，通常也称优化反分析法。最优化方法是进行位移反分析的有力工具，目前已有多种优化方法用于位移反分析，解决问题的范围也日渐广泛。这类方法的特点是可用于线性及各类非线性问题的反分析，具有很宽的适用范围，但是该方法通常需要给出待定参数的试探值或分布区间等，同时，计算工作量大，解的稳定性差，易陷入局部极小值，特别是待定参数的数目较多时，收敛速度缓慢，不能保证搜索收敛到全局最优解；另一方面由于岩体工程的复杂性，它所涉及的工程地质条件及岩体特性参数是不完全定量的，难以用确定的数学模型加以描述。因此可以借助现代非线性理论的相关研究成果，建立基于支持向量机和模拟退火算法的位移反分析模型。该模型既克服了传统反分析方法易于陷入局部极小值的缺点，又表达了岩体力学参数与位移之间复杂的非线性映射关系，大大提高了反分析计算速度，在处理变量与目标函数值之间无明显的数学表达式的复杂工程问题中，具有较高的应用意义。

综上所述，岩体稳定分析时的参数选取、破坏判据以及演化趋势预测等都有必要进行岩体的非线性理论研究。

1.2 岩体破坏分析的非线性理论

工程岩体是高度非线性复杂大系统，它与外界环境存在着物质和能量交换，是一个不断变化着的开放系统，并处在不可逆演化之中。非线性是岩体力学行为的本质特征。岩体的非线性表现包括岩体的累进破坏、岩体变形从无序向有序发展及岩体演化曲线由线性的等速阶段向非线性的加速变形阶段发展。岩体及其上面或内部的建筑物是一个具有时间发展行为的耗散系统，它从微观破坏、滑移面形成直至变形破坏的过程是一个自组织的非线性过程。非线性科学理论，如耗散结构理论、突变论及非线性动力学等，是研究岩体非线性系统问题的有力工具[1~3,23]。

1.2.1 岩体失稳过程中的耗散结构机制

耗散结构论是研究系统在远离平衡的条件下，由其内部的非线性相互作用，发生从无序热力学分支向耗散结构分支转化，形成一种稳定有序结构的现象[4]。当开放系统与环境之间发生持续的能量和质量交换时，系统将有可能从近平衡态被推移远离平衡态，由于不可逆过程所导致系统能量的耗散，可使之发生“自组织”，并产生时间和空间上有序的“耗散结构”。

耗散结构定义为：在远离平衡的条件下，借助于外界的能流和物质流而维持的一种空间或时间的有序结构。该理论强调当一个体系接近平衡时原有的结构就会趋于消亡，只有当体系远离平衡时才能产生新的有序结构。有序结构的产生不但需要外界条件的维持，也需要内部条件的存在。外界条件是必要条件，内部条件是充分条件。Prigogine 提出一个耗散结构的形成和维持至少需要三个条件：一是系统必须是开放系统，孤立系统和封闭系统都不可能形成耗散结构；二是系统必须处于远离平衡的非线性区，在平衡态或近平衡态，大量试验和理论研究都证明其不可能发生质的突变从无序走向有序，也不可能从一种有序走向新的更高级的有序，即非平衡是有序之源；三是系统中必须有某些非线性动力学过程，如正负反馈机制等。这种非线性相互作用能够使系统内的各要素之间产生协调动作和相互适应，而使系统从杂乱无章变为井然有序[11,24]。

地质体中平衡和封闭是相对的，非平衡和开放才是绝对的，在自组织的地质过程的非平衡演变中，可能形成耗散结构。耗散结构理论是研究非线性性质、非平衡体系的科学，在地学中具有广阔的应用前景[5]。

岩体开挖过程中发生的物理、力学效应，一般都具有非线性和不可逆性质。应力重分布达到一定程度后，不可逆过程就会产生各种形式的能量耗散，如岩体塑性变形损耗的塑性能、黏性流动变形损耗的黏性能量、岩石单元受拉断裂破坏损耗能，以及岩体中节理面相对滑移和原生裂隙尖端产生次生裂纹并发生扩展所损耗或吸收的能量等，能量耗散的结果必然导致岩体远离平衡态，引起围岩体失稳[25]。

1.2.2 岩体稳定性的非线性动力学分析

一般的动力学系统分析都建立在模型化的基础之上，从演化的机制出发去探讨演化的途径、吸引子及其稳定性。系统的复杂性使得模型化非常困难。耗散结构理论及协同学宏观研究方法，使得处理一些相互作用模糊的过程成为可能，即从时间序列数据重建复杂系统动力学。因为“时间序列包含着远为丰富的信息，它蕴含着参与动态的全部其他变量的痕迹，并使人们得以验证潜在体系的某些与任何模型化无关的重要性”。

1.2.2.1 相空间重构

相空间的重构即把具有混沌特性的时间序列重建为一种低阶非线性动力学系统，它是时间序列预测的基础[26]。

将原始时间序列 $\{x_i\}$ 按固定时间间隔 $\tau(\tau=k\times\Delta k)$ 拓展成 n 维空间的一个相型分布。这样，时间序列 $\{x(t_i),\ i=1,\ 2,\ \cdots,\ n\}$ 的相空间可以表示为：

$$x_i(t)=\{x(t_i),\ x(t_i+\tau),\ \cdots,\ x[t_i+(m-1)\tau]\}\quad (i=1,\ 2,\ \cdots,\ n) \tag{1-1}$$

式（1-1）相型分布中 m 个相点，每个相点有 n 个分量，在 n 维空间构成相型，相点间的连线描述了系统在 n 维相空间的演化轨迹。通过这种方法将观测数据的固定时间延迟，重构“等价”的多维状态空间，重复这一过程并提取不同时刻和各延迟量，产生出描述系统在 n 维相空间相点演化轨迹。

1.2.2.2 关联维数的计算

引入一个向量符号 $\boldsymbol{x}_i$，取相空间任意一点 $x\{x_0(t_i),\ \cdots,\ x_0[t_i+(n-1)\tau]\}$，从数据序列中选出任意的一个参数点 x_i，并计算它到其余 $n-1$ 个点 x_j 的距离 x_i-x_j，这样得到以 x_i 为中心，以 r 为半径内的相空间的数据点，对所有的 i 重复这一过程得到量：

$$C_m=\frac{1}{N^2}\sum_{i,\ j}\theta[\varepsilon-\rho(x_i-x_j)] \tag{1-2}$$

式中，N 为相空间 R^m 中的相点数，$x_i(i=1,\ 2,\ \cdots,\ N)$ 为系统的一个解序列，即相空间的一个点列。θ 为 Heaviside 函数，当 $\alpha\geqslant 0$，$\theta(\alpha)=1$；当 $\alpha<0$，$\theta(\alpha)=0$。$\rho(x_i,\ x_j)$ 代表从时序数据所选用的 n 点中任意两点之距离。

由于 ε 的取值范围受到大小两端的限制，适当调整 ε 的取值范围，在一定区段内有 $C_m(\varepsilon)\infty\varepsilon^D$，则指数 D 定义为关联维数：

$$D=\lim_{n\to\infty}\frac{\ln C_m(\varepsilon)}{\ln\varepsilon} \tag{1-3}$$

如果 ε 取得太大，任何一对相点都产生关联，$C_m(\varepsilon)=1$，取对数后为0；如果 ε 取得过小，低于环境噪声和测量误差引起的向量差别，由关联公式算得的将不是实际的分形维数而是嵌入维，从理论上看式（1-3）是一个极限过程，并随所取相空间维数 m 改变而变化。

当 m 超过嵌入吸引子空间维数上界（$m\to m\propto$）以后 D 将不随 m 维数增大而改变，并趋于一饱和值 $D\propto$，称为饱和维数。$D\propto$ 为分数时，它取整后的较大整数就是嵌入吸引子所必需的相空间维数的下限，表明描述该动力系统至少需要用多少个独立变量[26]。

1.2.2.3 非线性动力学方程的反演方法

设系统的状态 y 随时间演变的物理规律可表示为：

$$\frac{\mathrm{d}y_i}{\mathrm{d}t}=f_i(y_1\cdots y_n) \tag{1-4}$$

函数 f_i 为 y_1，y_2，…，y_n 的一般非线性函数。状态变量的个数 n 可根据系统的分数维来确定。

一般情况下不知道函数 $f_i(y_1, y_2, \cdots, y_n)$ 的具体形式，但可以知道式（1-4）的一系列特解，即 $y_{j\Delta t}$($j=1$，2，…，m，m 为资料序列的长度)，故可将式（1-1）写成中心差分形式：

$$\frac{y_{j+1}\Delta t - y_{j-1}\Delta t}{2\Delta t}=y_{j\Delta t} \tag{1-5}$$

设 $f_i(y_1, y_2, \cdots, y_n)$ 中有 G_k 项和相应的 P_k 个参数，$k=1$，2，…，k，即：

$$f_i=\sum_{k=1}^{k}G_kP_k \tag{1-6}$$

且设观测资料能够组成 M（$M=m-2$）个方程，写成向量和矩阵形式为：

$$\boldsymbol{D}=\boldsymbol{GP} \tag{1-7}$$

式中，$\boldsymbol{G}$ 为 $M\times K$ 阶观测资料矩阵；$\boldsymbol{P}$ 为 K 列未知参数矩阵。对 $\boldsymbol{P}$ 而言，式（1-3）正好是一个线性系统，可以用经典的最小二乘法估计。按最小二乘标准，不难得到如下正则方程：

$$\boldsymbol{G}^{\mathrm{T}}\boldsymbol{GP}=\boldsymbol{G}^{\mathrm{T}}\boldsymbol{D} \tag{1-8}$$

此时，如果 $\boldsymbol{G}^{\mathrm{T}}\boldsymbol{G}$ 是非奇异矩阵，则可得：

$$\boldsymbol{P}=(\boldsymbol{G}^{\mathrm{T}}\boldsymbol{G})^{-1}\boldsymbol{G}^{\mathrm{T}}\boldsymbol{D} \tag{1-9}$$

问题是式（1-9）中的 $\boldsymbol{G}$ 常常是奇异矩阵，或者是接近奇异的，当接近奇异时，对误差特别敏感，而恰巧 $\boldsymbol{G}$ 本身我们知道得并不准确，有较大误差，反演理论可以有助于克服这一困难。

$\boldsymbol{G}^{\mathrm{T}}\boldsymbol{G}$ 是一个 K 阶实对称矩阵，特征值都是实数，并且有 K 个线性无关（而且是正交）的特征向量。记特征值为：$|\boldsymbol{\lambda}_1| \geqslant |\boldsymbol{\lambda}_2| \geqslant \cdots \geqslant |\boldsymbol{\lambda}_k|$，设有 L 个不为零的特征值 $\boldsymbol{\lambda}_1$，$\boldsymbol{\lambda}_2$，…，$\boldsymbol{\lambda}_K$，而 $K-L$ 个特征值为零（或接近于零）。相应于此 L 个特征值的标准化特征向量可组成一个矩阵 $\boldsymbol{U}_{K\times L}=(U_1, U_2, \cdots, U_L)$，这里 $\boldsymbol{U}_i=(U_{1i}, U_{2i}, \cdots, U_{ki})^{\mathrm{T}}$，（$i=1$，2，…，$L$）是相应于 $\boldsymbol{\lambda}_i$ 的特征向量。再计算出：

$$\boldsymbol{v}_i=\frac{1}{\boldsymbol{\lambda}_i}\boldsymbol{G\mu}_i=(v_{1i}, v_{2i}, \cdots, v_{Mi})^{\mathrm{T}} \tag{1-10}$$

即可得 $M\times L$ 阶矩阵 $\boldsymbol{V}$，然后可依式（1-11）计算出数 $\boldsymbol{P}$：

$$\boldsymbol{P}=\boldsymbol{U\Lambda}^{-1}\boldsymbol{V}^{\mathrm{T}}\boldsymbol{D} \tag{1-11}$$

式中，$\boldsymbol{\Lambda}$ 为由不为零的特征值组成的对角阵。

得知参数 P_k（$k=1, \cdots, k$）以后，可进一步分析 f_i 中各项（G_kP_k）对系统演变的相对贡献大小，剔除那些对系统演变没有作用或是作用很小的无关项，最后得到所要反演的方程组。如果要提高反演模型的精度，还可用原资料序列对剔除无关项以后的方程组再重新进行一次反演[27]。

1.2.2.4　岩体非线性动力学模型的建立

岩体稳定系统的动力特征可以用多组状态变量来描述，但如果有一个变量能够反映出其他各个变量的痕迹和整个系统的特征，我们可借助该变量对岩体系统进行分析，位移即具有这样特征。因此对于具体岩体工程的位移监测时间序列数据首先进行相空间重构，计算出关联维数，以探求岩体演化的复杂性特点，寻求动态建模的变量数目。据此，正确选择建立动力学模型的变量。根据可具代表性及易测性原则，通常选取位移、应力、水压力等，根据这些变量的实测数据，按照上述反演方法建立非线性动力学模型，依据该模型即可进行岩体稳定性的分析与预测。

1.2.3　岩体失稳的突变理论

在进行岩体破坏分析时，常用超载或强度储备的方式使岩体进入极限平衡状态，此时需要有标志岩体进入极限平衡状态的判据（以往称失稳判据）。目前常用的判据可以被归纳为两类：收敛性判据和突变性判据。用不同的方式使系统达到极限平衡状态或采用不同的判据得到的安全度一般是不相同的[28]。应用非线性动力学模型和非线性稳定性分析法同样需要标志岩体失稳的判据。目前对于三维问题，还没有统一的、具有理论基础的判据。对地下洞室的围岩，怎样才算是整体失稳或整体破坏，至今尚无统一的认识。因此，很有必要引进新的理论来研究隧道围岩体的失稳判据问题。突变理论注重研究系统状态发生突变时外界的控制条件[29,30]，主要用来阐述系统中某些变量为何从连续逐渐变化导致系统状态的突然变化，据此理论可以给出岩体的塑性体积判据。

1.2.3.1　岩石稳定性的塑性体积判据

据塑性岩石力学理论和现有的室内三轴岩石压缩试验结果，岩石在进入塑性软化阶段后，常伴随有体积扩容形式的塑性体积改变。同时，还可发现一定的软化状态对应着一定的塑性体积应变。据此，给出了一个通过岩石的塑性体积变化量 $\varepsilon_{\mathrm{v}}^{\mathrm{P}}$ 来表达的岩石稳定性判据[30]，其表达式为：

$$S = \frac{(\varepsilon_{\mathrm{v}}^{\mathrm{P}})_{\mathrm{f}}}{\varepsilon_{\mathrm{v}}^{\mathrm{P}}} \tag{1-12}$$

式中，S 为岩石稳定性系数；$(\varepsilon_{\mathrm{v}}^{\mathrm{P}})_{\mathrm{f}}$ 为岩石达到残余破坏强度时的永久性塑性体

积应变；ε_v^P 为各种应力状态下的岩石塑性体积应变。岩石工程破坏是一种与它的某种使用功能改变或消失对应的工程状态。工程系统失稳的直接原因是岩石材料的破坏，但岩石材料破坏不等于工程系统就一定会失稳破坏。因此应建立岩石工程系统的破坏判据[31]。

1.2.3.2　岩石稳定性的塑性体积突变理论

每个岩石单元的塑性体积应变为 $(\varepsilon_v)_e$，则整个岩石系统的塑性应变为：

$$\zeta_P(k) = \sum_N \varepsilon_v \tag{1-13}$$

式中，N 为进入屈服的单元个数。由于 $\zeta(k)$ 随开挖过程中的加载或卸载步骤的推进而变化，此时所研究的系统的塑性体积应变 $\zeta(k)$ 可用某一连续的函数 $\zeta(k) = f(t)$ 来表示这种变化，t 为加载时标，将函数进行泰勒级数展开，取至 4 次项，则式中：

$$\alpha_i = \sum_{i=1}^{4} \frac{\partial^i f}{\partial t^i},\ 令\ t \to x - \frac{a_3}{4a_4}$$

可将式（1-13）化成尖点突变的标准势函数形式：

$$V(x) = x^4 + ux^2 + vx \tag{1-14}$$

式中，$u = \dfrac{a_2}{a_4} - \dfrac{3a_3^2}{8a_4^2}$，$v = \dfrac{a_1}{a_4} - \dfrac{a_2 a_3}{2a_4^2} + \dfrac{a_3^3}{8a_4^3}$。

平衡曲面方程 M 为：

$$\frac{\partial v}{\partial x} = 4x_0^3 + 2ux_0 + v \tag{1-15}$$

根据尖点分叉集理论，得到分叉集方程为：

$$\Delta = 8u_3 + 27v_2 \tag{1-16}$$

显然，只有当 $u \leqslant 0$ 时，系统才可能跨越分叉集发生突变。式（1-16）即为围岩系统突发失稳的充要判据。Δ 值的大小可以作为围岩体演化状态与临界状态的距离，称之为突变特征值。将该准则用于分析开挖岩体系统的稳定性问题，可将一般适用于岩体开挖的有限元程序作相应改进即可，具体用于有限元程序设计及计算时，塑性体积序列 $\{\xi\} = \{\xi(1),\ \xi(2),\ \cdots,\ \xi(m)\}$ 可进行多项式拟合，使其化为形如：$\zeta(t) = \sum_{i=1}^{n} a_i t^i$ 的多项式形式，常数 a_i 可通过回归确定，这样便于形成突变模型中的势函数的形式。

1.3　岩体非线性稳定分析的国内外研究动态

20 世纪 70 年代前后发展起来的非线性科学理论的主要代表有：耗散结构理论、协同论、分叉、分形、浑沌和神经网络等理论，这些非线性理论正成为解决非线性复杂大系统问题的有力工具，也是研究岩石非线性系统理论的数理基础，在与岩体稳定分析有关领域已得到一定程度的应用[10~13]。

岩体稳定性研究是一个复杂而又重大的课题，同时也是岩石力学研究的难点之一，许多学者开始从事岩石力学的非线性理论研究，并提出了研究总体目标和具体的技术思路。郑颖人提出发展非线性岩石力学理论的总体思路应是：以现代非线性科学为基础，结合岩体自身特点和工程特点，建立相应的非线性力学模型（包括分析模型和数值模型），走定性与定量相结合的发展道路[1]。谢和平提出岩石力学非线性研究的总体目标是系统的稳定性评价及评价所用参数取值，稳定性的发展趋势及推移预测。在某些岩体工程中，不管是人工的还是天然的，其变形是动态的，系统内部的力学参数也是变化的。因而可将岩体系统视为一个非线性动力系统。系统的宏观稳定与不稳定的行为就是系统平衡的稳定性问题[2]。

1.3.1　参数选取

目前工程上确定岩体的力学参数的方法主要有现场试验、经验公式以及反分析法等，但由于这些方法存在工程费用高、需用时间较长或者考虑因素不够全面导致计算结果与实际工程有较大的差异等，促使人们采用新的理论和方法去选取岩体的力学参数。在参数的非线性预测方面，主要是运用神经网络方法预测岩体的力学参数[35~48]。神经网络方法辨识岩体力学参数的原理是用神经网络表示岩体力学参数与岩体变形或其影响因素之间的映射关系，即将两者之间复杂的非线性关系用神经网络中神经元的连接权值来表示。首先，根据可能的岩体力学参数分布范围，将待定的岩体力学参数离散为一系列参数组合，用实测或数值模拟方法形成输入-输出模式对；将模式中的岩体变形和应力变化或影响因素作为网络的输入，岩体力学参数作为网络的输出，形成训练样本，并对网络进行训练，将实测得到的岩体变形、应力变化或影响因素输入训练好的网络，即可获得待求参数[36,37]。

冯夏庭研究了用人工神经网络辨识岩体力学参数的基本原理、网络结构、网络训练样本的获得及网络训练方法。在此基础上，提出了用人工神经网络辨识岩体力学参数的方法和步骤；探讨了以巷道围岩变形观测为依据，用神经网络反推岩体物理力学性质和初始地应力环境参数时各参数的可辨识性，以及参数辨识的稳定性；找出了待辨识参数个数与所需最少巷道变形观测项目数之间的关系。结果表明，依据巷道变形观测，用神经网络辨识岩石工程岩体力学参数是可行的，该方法为研究岩体物理力学性质参数和岩石工程初始地应力条件提供了一个有效途径，尤其适用于软岩情况下岩体力学参数的辨识。并给出了巷道围岩变形观测项目选择的建议[42]。

周保生等考虑围岩强度、巷道埋深、岩体的完整性、采动应力等因素利用神经网络预测围岩的顶、底板强度[29]。乔春生等考虑岩层厚度、节理分布和产状、充填物及涌水量等因素预测岩体的单轴抗压强度和弹性模量，并将预测值与有关经验公式做对比，结果显示其相对误差较小，预测精度较高[39]。

李守巨基于人工神经网络的 BP 算法，建立了根据边坡开挖后岩体位移观测数据识别岩体弹性力学参数的数值方法。在网络训练过程中采用改进的 BP 算法，通过对学习算子的优化搜索，大大提高了网络的收敛速度，解决了 BP 算法迭代过程中目标函数振荡问题。通过算例表明，提出的改进的 BP 算法有助于提高岩土材料参数识别收敛速度和识别精度[40]。

杨英杰等基于 BP 神经网络，定义了衡量网络输入对输出作用大小的相对强度（RSE），并结合实际的工程实例数据用 RSE 分析了各个作用参数对工程稳定性影响的相对大小与作用方式。实例分析的结果表明，所提出的方法能够较全面地反映岩石工程现场的复杂实际情况，具有易于处理不确定性、动态与非线性问题等优点[41]。

在国外，F. Meulenkamp、Yi Huang 等人利用人工神经网络来预测岩体的无侧限单轴抗压强度、岩体质量参数等，此外 Leec S R、Raichea 等人还将神经网络应用于岩土工程参数反演、破坏模式识别等领域[43~48]。

此外，谢和平利用分形几何理论预测岩体结构面抗剪强度，由于用剪切仪测定的峰值摩擦角 φ_p 包含有基本摩擦角 φ 和平均粗糙角 i。谢和平将岩石节理剖面模拟为广义 Koch 曲线，导出如下模型

$$D_f = \frac{\ln 4}{\ln[2(1+\cos\theta)]} \tag{1-17}$$

θ 即为平均粗糙角 i，式（1-17）进一步变为：

$$i = \theta = \arccos\left(\frac{1}{2}4^{\frac{1}{D_f}} - 1\right) \tag{1-18}$$

按式（1-18）求出 i 后，用 φ_p 减去 i 即可求得基本摩擦角 φ。这样，就把结构面抗剪强度预测建立在一个比较客观的基础上[3]。

1.3.2 耗散结构与熵

工程岩体的变形问题是极其复杂的系统，变形岩体是一种非平衡态有序结构，岩体的变形是不可逆的过程，岩体系统内部各个子系统之间的作用是非线性的，岩体的失稳过程就是能量的耗散过程，因此可将耗散结构论应用于岩体变形和失稳研究[53]。

目前，耗散结构在地质学中的应用研究正由定性向定量化发展，表现为在对地质现象进行细致的地质、地球化学研究，并建立起地质作用过程的地质—地球化学模型的基础上，应用动力学原理及相应的数学工具建立其动力学模型，然后

对动力学模型进行动力系统分析或计算机数值模拟求解或实验室模拟。在定量研究方面，於崇文（1990）从反应、扩散和渗流三者之间的耦合出发，建立了成矿动力学模型，揭示了原生岩浆热液矿床分带的本质。吴金平、王江海（1990）根据熔体聚合及正规溶液模型，建立了非平衡条件下二组分硅酸盐熔体固结过程非线性结晶动力学模型。唐建武等人（1996）由连续性方程和准稳态近似法出发，建立了成岩作用中流体—矿物反应的动力学模型，并设计了数值模拟的计算方法和计算机程序。此外，蒋耀松、鲍征宇、刘顺生、谭凯旋等在这方面也进行了卓有成效的研究。他们或是对矿物的自组织行为，或是对流动-反应过程进行了建模设计及计算机模拟或实验室研究[51,52]。

秦四清根据耗散结构形成和维持的三个条件，从宏观和微观两个方面研究了岩体变形的系统的非线性特征、岩体失稳过程中所处的远离平衡态的情况与岩体失稳过程中降维、减熵与有序性；讨论了岩体应力应变曲线与耗散结构形成的关系，并且以滑坡为例说明了耗散结构的形成过程，并给出了耗散结构模型的建立方法[50]。

滑坡等岩体演化系统不同于传统守恒系统，它们是具有时间发展行为的耗散系统。在耗散系统中寻求演化判据首先的深刻后果是守恒系统的时间反演不变性的破坏，于是耗散系统可以用趋向于最后状态的不可逆途径来表征。耗散系统的另一个重要特征就是当扰动消除时系统迟早要恢复到某种稳定的状态，即行为被“吸引”的地方，存在吸引子的耗散系统的动力行为是可预测的，虽然耗散系统有时存在着大量运动的随机性[53]。周萃英从系统论、耗散结构理论和协同学的观点出发，分别从统计物理模型和滑坡灾害发生的全过程讨论了滑坡灾害的自组织过程。研究表明，滑坡灾害的发展过程是一个从最初的混沌状态出发逐渐向功能组织演化的过程，且滑坡的最终演化状态不是唯一的定态。滑坡产生的一个轮回，对应着一次自组织[54]。

陈剑平引用了耗散结构论中简单的动力方程来描述岩土体的变形轨迹，认为如果经过详细的实验研究确定岩土体的变形极限 D_L，并且能够比较客观地确定岩土体变形的阻抗综合因素，就可以通过动力方程的数学模式来精确地描述岩土体的变形演化轨迹，同时还可以对岩土体的变形破坏做出较科学的预测，这实际上为滑坡预测预报给出了良好的启迪，因此认为采用耗散结构理论进行岩土体变形机制的探索研究是有价值的，并相信这种探索对岩土体变形和破坏的预测预报是一个新的生长点[53]。

唐春安研究了实验机与岩石试件所组成的作用系统，认为岩石破裂过程的失稳从结构稳定性来研究是一种突变结构，而从动力学的角度来研究这种突变过程则是一种耗散结构[55]。

熵是耗散结构理论的核心概念，是描述复杂系统状态的一个优秀物理量。由于熵的大小是无序度的一种量度，它的应用范围不但涉及物理、化学、生物学以及地学众多自然学科领域，而且已渗透到许多社会科学领域[56~59]。

信息熵将熵概念成功地扩展到信息科学领域。1929年匈牙利科学家L. Szilard首先提出了熵与信息不确定性的关系，使信息科学引用熵的概念成为可能。1948年，贝尔实验室的C. Shannon创立了信息论，他把通信过程中信源讯号的平均信息量称为熵，实现了信息熵的实际应用，从此对信息熵的研究，随着信息科学的发展而得到不断的发展。C. Shannon对离散无记忆信源x的信息量，定义为n维概率矢量的函数：

$$H(x) = -\sum_{i=1}^{n} p_i \log_2 p_i = H(\vec{p}) \tag{1-19}$$

式中，$H(\vec{p})$称为信息熵的熵函数。信息熵函数具有熵的全部基本性质（如非负性、对称性、扩展性、可加性等）。熵恒增定律在信息熵领域则叫作“最大熵原理”（POME，Principle of Maximum Entropy）。1957年，E. T. Jaynes首次明确提出了POME，并且成功地解决了信息科学中广为存在的不适定问题，由此开创了POME发展之先河[62]。

近些年来，人们把信息熵与各种物理与非物理系统状态的复杂性相联系，并研究其随时间的变化。邢修三在非平衡统计物理熵演化方程和熵产生率简明公式的启示下，发展了动态信息熵理论，建立了信息熵密度在时间和态变量空间变化的非线性演化方程。进而研究了物理熵和信息熵的异同以及这两种统计熵的可能统一。鉴于信息熵易于计算，常常利用信息熵来表示系统的无序度[60]。

当前应用较多的主要是最大熵原理，由于熵与有序度之间存在一定的对应关系，即系统的信息熵大，其有序度低；反之，系统的有序程度高，则熵就小。这样就能利用熵与有序度的关系，用物理量熵来描述系统的演化方向。最大熵原理在参数确定、结构优化设计、水资源系统演化、管理有序度评价等许多方面都有广泛应用[61~67]。

岩体工程显然是一个开放系统，通过剥蚀卸载、风化等作用和外界不断交换物质和能量，导致岩体产生不可逆变形破坏现象，系统有熵产生，它使系统进化[65]。进化过程中熵产生伴随着系统内部有序（不稳定性）和无序（稳定性）的存在与竞争。此时产生的熵必定为负熵，否则岩体演化必将终止。从云南地区两次强震前的地震活动熵的时间进程，可看出强震的复杂孕震系统的减熵特征，也一定程度上反映了岩体失稳前的减熵特征[3]。

邓广哲、朱维申从能量角度对岩体开挖后产生的非线性卸荷裂隙场与熵变特点作了初步分析，认为非线性卸荷裂隙扩展过程伴随系统的能量耗散，并使岩体产生了卸荷裂隙不可逆的定向运动，即熵增加，说明熵变是岩体卸荷过程影响稳定性的重要因素之一[22]。

1.3.3 失稳判据与突变理论

在围岩等岩体稳定性的数值分析中，常需要失稳判据，以表明岩体处于极限平衡状态。目前常用的岩体稳定性判别方法较多，可以归纳为以下两类判据：

（1）强度判据。该判据在隧道地下结构围岩稳定性的数值分析中得到了广泛应用，该判据理论基础是强度破坏理论，如德鲁克-普拉格准则或莫尔库仑准则等，即在低约束压力条件下，当岩体内某斜截面的剪应力超过破坏理论规定的滑动界限范围时，岩体就发生剪切极限破坏。从力学观点来看，岩体丧失稳定就是其中应力达到或超过岩体强度的范围比较大，最后形成一个连续贯通的塑性区和滑裂面，因而这部分岩体将会产生很大位移，因此，岩体稳定性评价实质上说就是岩体应力和变形的分析[68]。

（2）变动判据。在国内外有关规范中，围岩稳定性判据多以变形值或变形速率为主，认为围岩变形量或变形速率超过一定值，岩体即发生破坏。具体的有围岩极限应变判据、围岩向内收敛位移和收敛比判据等。有人认为，变形值或变形速率判据用于软弱围岩往往时效不佳，根据牛顿运动定律，物体从运动转变为静止状态的必要条件是，加速度由负值渐趋为零。因此，围岩稳定性判据应以加速度为主，辅以变形值或变形速率，据此提出了变形速率比值判据[33~34]。

然而采用不同的失稳判据得到的稳定安全度一般是不相同的[18]，如何建立一个具有理论基础的、可得到唯一解的失稳判据是今后需要解决的问题。

用数学模型来描述自然现象，是科学研究的一种基本方法。自从牛顿和莱布尼兹发明微积分以来，人们越来越习惯于用微分方程描述自然现象。然而，微分方程只能用来描述连续变化的自然现象。事实上，物质世界中非连续现象比比皆是，如自然界中的地震、滑坡；社会科学中一场政治革命；生物界的某种生物突然绝灭等等。对于这类现象，能否找到一种合适的数学模型加以描述呢？

突变理论正是为解决上述问题而提出的，突变理论首先由 Thom（1972）提出，其主要用来阐述系统中某些变量如何从连续逐渐变化导致系统状态的突然变化[70]。在我们所处的四维时空中，Thom 的分类性定理指出其最多只有 7 种基本突变形式，而日常应用最多的仅是其中的一种，即尖点（CUSP）突变。

突变理论的一个显著优点是即使在不知道系统有哪些微分方程，更不用说如何解这些微分方程的条件下，仅在少数几个假设的基础上，用少数几个“重要参量”，便可预测系统的诸多定性或定量形态[71]。

突变理论自问世以来，已广泛应用于生物学、物理学、医学、社会学以及经济学中，但在地质学中的应用并不多见。Henley 曾提出过火山爆发、相变、浊流和断层运动的定性模型，Cuhittt 和 Shaw 定性地解释了大陆架（坡）的沉积过程，康仲远分析了板状岩体的欧拉失稳问题。至于突变理论在工程地质与岩体稳定分析中的应用，仅从最近一段时间才开始[61~71]。突变理论在岩体稳定分析中应用的具体思路是通过野外地质调查建立相应的地质模型和力学模型，求出系统的总势能，建立势函数表达式，再利用泰勒级数展开、变量替换等手段将势函数化为尖点突变的标准形式，求导变换后得出分叉集方程，利用分叉集方程即可进行稳定性的判定。

潘岳通过对煤矿顶板冒落现象的详细调查，将顶板冒落的地质模型简化为三铰拱力学模型[69]。秦四清、许强等人分析层状岩体和平面型滑坡中的破坏模式，建立相应的梁单元[78]；苗天德考虑微结构失稳和完全的本构关系利用联合突变理论考虑黄土的失稳破坏[79]。

秦四清利用突变理论进行滑坡失稳时间的预报，首先通过 Taylor 展开式拟合位移–时间曲线，经过变量替换可得到分叉集方程

$$\Delta = 8u^3 + 27v^2 \tag{1-20}$$

当 $\Delta<0$ 时，方程有三个实根：

$$Z_1 = 2\left(-\frac{\alpha}{3}\right)^{\frac{1}{2}};\quad Z_2 = Z_3 = -\left(-\frac{\alpha}{3}\right)^{\frac{1}{2}} \tag{1-21}$$

于是求出相应于边坡失稳前后的时间差

$$\Delta t = \sqrt{3}(-\alpha)^{\frac{1}{2}}(4a_4)^{-\frac{1}{4}}$$

a_4 为 Taylor 展开式中四次项的系数。此时即可进行边坡失稳的时间预报[3]。

此外也有人对水库诱发地震、活断层稳定性等进行了突变分析[80,81]。

用突变理论来分析岩体稳定问题，比一般常规方法有着独特的优越性，特别是可用其对系统的演化途径的全过程作定性或定量的评价。由于地质体本身的复杂性，用单一的理论、单一的方法往往不能反映岩土体演化的全面特征，为此把突变理论和现代计算技术结合起来，利用突变理论建立失稳判据，将其运用于有限元等数值模拟手段之中，模拟出系统动态演化的全过程。

1.3.4　演化趋势预测与监测预警系统

位移是岩土结构演化过程中反馈出的重要信息之一。用监测的位移进行建模可以对岩土结构的变化规律、发展趋势等进行预测，及时掌握岩土结构的变化规律，在工程上具有重要的意义[10]。

一般的动力学系统分析都建立在模型化的基础之上，从支配着岩体演化的机制出发去探讨演化的途径、吸引子及其稳定性。然而，系统的复杂性使得模型化非常困难。耗散结构理论及协同学的宏观研究方法，使得处理一些相互作用不很清楚的过程成为可能，即从时间序列数据重建复杂系统动力学，因为“时间序列包含着远为丰富的信息：它蕴含着参与动态的全部其他变量的痕迹，并使人们得以验证潜在体系的某些与任何模型化无关的重要性”[54]。

岩体的变形随开挖过程或时间的演化可以看成是动力学系统的演化问题。由于系统本身的复杂性，往往很难区分系统的演化方程，对所在的状态变量又难以进行准确的预测，其结果可以看成是一个时间序列。这些时间序列有时有其规律性，如单调上升或下降、周期变化等，但较常见的还是那种复杂的、似乎无规律的时间序列，人们常常使用随机过程理论来研究这种时间序列，把它看成是符合某种规律的随机过程的一个样本实现，希望能从复杂的数据中找出一些规律，并进一步地用已知的观测数据来预报未来的系统行为。于是提出了各种模型来描述时间序列，如线性模型（陈子荫，1971）、AR模型、ARMA模型、ARIMA模型、门限自回归SETAR模型和数据处理的分组方法GMDH（黄润秋，1997）等[10,88]，这些模型无须知道岩土结构中的力学过程和机理，具有一定的优点，但是这种统计模型一般当因变量和自变量之间是线性关系或一些简单的函数关系时才使用，同时当数据太少时不具有统计意义。另外利用已获得的历史数据运用广义线性的反演理论对岩石动力学系统的非线性演化特征进行研究，也可对其未来的行为进行预测[83~89]。

由于岩体结构的复杂性，它所涉及的工程地质条件及岩体特性参数通常是不完全定量的，甚至是随机的、模糊的，许多情况下难以用确定的数学模型加以描述，或者说，影响岩体系统特性的各要素之间存在着非常复杂的非线性关系，这种关系有时甚至不能用一个简单的代数方程来描述。因此往往需要引用非线性理论研究岩体非线性演化特征。秦四清通过处理大量滑坡观测记录，依据时序数据重建滑坡动力学特征，分析吸引子的性质，定量地揭示滑坡活动表现出的混沌动力学特征。通过工程地质勘查和分析具体滑坡系统的总体特征，筛选出控制变量，为建立突变模型和非线性动力学模型提供依据。通过动力学模型的反演，研究其解的普适特点，预测产生各种复杂现象的总体集合，对滑坡过程的演化机理做出定性和定量的分析与判别，从各种可能性中找出事件发生的事实原因和内在机理。运用耗散结构理论和突变理论判断斜坡的稳定性，根据Lyapounov指数谱特征分析斜坡运动轨道特征和趋势，由Kolmogorov熵确定预测时间尺度，以达到对滑坡系统进行正确客观评判之目的[3]。

吕金虎等人根据边坡位移时间序列的非线性性质，应用自适应人工神经网络进行实时预测。基于自适应人工神经网络的实时预测方法，充分利用时间序列的非线性信息，能够预测各种边坡变形的演化趋势，比一般统计方法有更高的预测精度[94]。M. T. Rosenstein等根据混沌动力学原理，从小数据量提取最大Lyapunov指数，进行动态的预测预报[95]。陈益峰通过对边坡位移历史数据序列进行特征分析，计算出最大Lyapounov指数，并利用最大Lyapounov指数的一维模式进行边坡位移预测，基于Lyapounov指数的预测方法不但能够充分利用时间序列资料信息，跟踪预测各种变形轨迹，而且可以克服以往采用统计分析方法带来的主观性[96]。冯夏庭将遗传算法与神经网络结合起来，提出了一种用于岩石力学动力学系统非线性演化特征识别的GA—ANN方法，这是一种全局优化的非线性智能识别方法[10]。

最近发展起来的支持向量机（SVM）方法是基于统计学习理论的新学习方法，由Vapnik和他的同事提出的一种新型数据驱动的学习机，它是基于VC维理论和结构风险最小化原理，把几项技术有机地结合在一起，如统计学、机器学习、神经网络、优化技术等[97~106]，能较好地解决小样本、非线性、高维数和局部极小点等实际问题，已成为机器学习界的研究热点之一，并成功地应用于分类、函数逼近和时间序列预测等方面[109~122]。其中回归算法被应用于时间序列的预测研究以及其他诸如非线性建模与预测、优化控制等方面的研究。在岩土工程领域，赵洪波、冯夏庭等利用支持向量机良好的分类和回归性能进行函数拟合估计，分别进行边坡稳定性估计、岩爆预测、地下水位预报等[115~120]。

由于支持向量机的推广预测能力很大程度上依赖于支持向量机的核函数和参数，因此他们的合理确定是至关重要的。而遗传算法是一种模拟生物界自然进化过程的优化方法，具有全局最优性、并行性等优点，赵洪波对支持向量机进行了改进，将遗传算法和支持向量机进行有机结合，提出了一种用于岩土工程位移预测预报的智能岩石力学新方法，即进化支持向量机方法[116]。用遗传算法来搜索支持向量机的参数和核函数，避免了人为选择参数的盲目性，同时提高了支持向量机的推广预测能力。

1.3.5　位移反分析

位移量是描述物体受力变形性态的一类重要的物理量，目前已被用作反演确定初始地应力和地层材料特性参数的主要依据。岩体工程位移反分析的基本思想是由Karanagh在1971年提出来的，基本方法是根据现场实测的位移，利用有限单元法来计算岩体的力学参数。20世纪70年代起，这类课题的研究开始受到重视，并逐渐取得了成果，其原因，首先是有限单元法等数值计算法的发展，使研究人员增多了进行分析计算的手段；其次是新奥法施工技术的出现，使洞室围岩位移量的量测受到了极大的关注；再者是收敛限制法原理的研究，使人们对位移量发生了极大的兴趣。

1982年，杨志法提出了初始地应力计算的位移图谱反分析法，根据由有限元计算所得的围岩应力分析结果编制了一系列图谱，使用中直接根据图谱由位移量测确定初始地应力或围岩参数，或同时确定二者。武汉岩土力学研究所也曾进行过性质类似的研究。这类位移反演分析计算法属于数值拟合计算法。

1983年，冯紫良等提出了初始地应力位移反分析计算的有限单元法的计算原理，包括弹性问题计算的基本关系式，以及弹塑性问题计算的数值处理法等。

1985 年，杨林德等又进行了初始地应力位移反分析计算的有限单元法研究，建立了平面应变弹性问题和弹塑性问题反演计算的有限单元法的具体计算法，给出了程序编制的框图和算例验证。这一方法的特点，是提出了单独确定初始构造应力的方法，并可在任意开挖阶段进行反演计算，使能排除开挖作业对位移量测值产生的空间效应的影响，为理论分析解决了在这类课题研究中存在的一个难题。同时同济大学等单位对不同的研究对象进行了位移反分析的解析解和数值方法研究，包括有弹性问题矿山巷道初始地应力反演确定的解析解，弹性问题初始地应力和地层 E，μ 值反演确定的数值计算法，弹塑性问题初始地应力及地层特性参数（E、μ、C，φ）反演确定的优化反分析法，以及黏弹性问题初始地应力和地层特性参数值反演确定的统一数值解法等。研究成果中不仅有二维问题的反演计算法，而且有三维问题的反演计算法。初始地应力的分布规律不仅可为均布应力场，而且可为按线性规律分布的应力场。反演计算的目标未知数不仅可为初始地应力，而且可为地层材料特性参数值。据以进行反演计算的现场量测信息不仅可为位移量信息，而且可包括扰动应力增量量测信息等。此外，在计算方法中还引入了可用以加快收敛速度的摄动法，并在模型辨识理论研究方面也已取得阶段成果。如根据圆形洞室的洞周位移进行平面应变问题初始地应力反分析计算的复变函数法、引入数理统计原理的二维弹塑性问题位移反分析计算的边界单元法以及可考虑松动圈影响的弹塑性问题双介质位移分析数值计算法。

在国外，对这类课题的研究也取得了较多的成果。日本学者 Sakurai 在 1974 年根据围岩的蠕变位移，使用解析方法计算了岩体的黏滞系数。Kirstem 使用有限元法求影响系数，然后代入到解析解中，按解析方法确定岩体的弹性模量。1979 年 Sakurai 提出了一种实用的有限元分析方法，即依据位移-应变反馈确定初始地应力与地层弹性参数值的有限单元法。这一方法的特点是，假设了岩体的初始垂直应力近似等于自重应力，取用了不等于 $\mu/(1-\mu)$ 的特定侧压力系数，以及在分析计算中可同时确定地层 E，μ 值。为使计算位移值逼近实测位移值，这一方法需经过多次重复计算，才能最终确定弹性参数及初始地应力。这一成果优点是以比较实用的近似方法同时考虑了洞室开挖的空间效应对位移量测结果的影响，不足之处是在理论分析中首先假定了初始地应力场的分布规律符合海姆假设，使适用场合受到限制。美国学者 R. E. Goodman 在 20 世纪 70 年代出版的岩石力学专著中也曾提到可依据位移量反算初始地应力。1980 年意大利学者 G. Goida 开始了弹塑性位移反分析的研究，他利用位移的实测值来计算岩体的黏聚力、内摩擦角和初始地应力，在这一过程中，使用了单纯形法和变量轮换法等多种优化法。1982 年 Maier 和 G. Goida 提出了最优准则的寻优方法，以后，G. Goida 等又提出了用位移反分析进行现场实测值的预测。80 年代起概率论和可靠性理论也开始逐渐引入岩体工程位移反分析中，1985 年 Cividini 等提出了

Bayes 反分析，Gens 提出了极大似然估计法。

随着当代非线性理论的发展，一些新的理论和技术开始应用于位移反分析中。赵洪波等分别将支持向量机、人工神经网络与遗传算法相结合，提出了用于位移反分析的进化支持向量机和进化神经网络方法。这两种方法都是基于试验设计和有限元计算获得学习样本和检验样本，用遗传算法搜索最优的支持向量机和神经网络的相关参数，用获得的最优模型进行学习，从而获得岩体的力学参数与位移之间的非线性映射关系，再用遗传算法从全局空间上搜索，进行岩体力学参数的识别。

1.4 岩体非线性稳定分析的发展趋势

目前，非线性科学已广泛应用于研究工程岩体力学中的具体领域，取得了一些开创性的成果，有关岩石破坏、突变、失稳的分叉与混沌研究，突变、分叉和混沌理论在结构失稳分析的应用不仅为在岩土力学中的应用奠定了基础，也为工程岩体失稳分析提供了全新的理论与方法。由于岩体工程的复杂性，工程岩体稳定性评价不能依赖于单一方法，因此，依托于计算机技术，进行多种方法综合评价分析，是未来发展的一种趋势。因为目前仍有大量的非线性力学方程无法得到其解析解，因此，数值分析方法就显得十分重要。关于这方面的研究也将成为岩体非线性稳定分析的重要研究方向。同时由于岩体工程常依赖于经验，因此利用岩体工程的失稳和稳定实例来建立系统，考虑多种因素影响，使多学科交叉融合，也将是岩体非线性稳定分析未来的发展方向之一[51]。

第2章　岩体抗剪强度参数选取的人工神经网络模型

神经网络是人工智能中的一个分支，自从它被引入岩石力学和岩石工程以后，受到了广泛重视。理论和实践证明，人工神经网络具有非线性、并行性、健壮性和强泛化性等特点，对于处理具有强噪声、模糊性、非线性的地质体信息，具有良好的适用性。由于影响工程岩体抗剪强度参数的因素众多，且包含许多难以定量的因素，而人工神经网络不仅能考虑影响岩体力学参数选取的定量因素，而且能考虑影响岩体强度的定性因素。另一方面，目前有许多宝贵的室内和现场试验资料没有被充分利用，这些资料对选取岩体力学参数具有很好的帮助作用，人们往往忽略了它们，但也存在着这些资料如何使用的问题，因为这些资料不仅包含了一些定量指标，也包含了一些定性指标，而且这些数据之间的关系比较难于用表达式表示出来，因为某些因素究竟怎样影响岩体力学参数尚不清楚。神经网络理论则为利用这些宝贵的资料提供了较为有效的工具。

2.1　选取工程岩体抗剪强度参数常用方法概述

在进行坝基、边坡等岩体工程稳定性评价时，必须了解工程岩体的力学性质。工程岩体是受地质构造控制的复杂地质体，其物理力学强度是决定岩体工程稳定性的最本质也是最重要的控制性内在因素。岩体这种抵抗外力作用的能力随着岩石特性、不连续面特征以及充填物等其他性质的不同，其物理力学性质均存在较大的差异。研究工程岩体物理力学性质必须对以上因素进行综合分析考虑，才能得出可靠合理的力学强度参数。理论和实践揭示，对岩体工程稳定性起着关键作用的主要是岩体的抗剪性能，即岩体的抗剪强度。岩体的抗剪强度在许多情形下是计算中所必需的重要的指标。目前确定岩体抗剪强度的方法主要有现场试验和经验公式法。

2.1.1　现场试验

掌握岩体的力学特性，最好的方法仍是在现场岩体上直接进行测定。测定岩体抗剪强度有多种方法：直剪试验、三轴试验、扭转试验、拔锚试验等，国内外最通用的是直剪试验。

现场直剪试验一般一组至少取4～5个试件，以便分别施加不同的法向荷重，对每一个试件，逐级施加至预定的法向荷重以后，维持剪切面上的荷重不变，逐级施加剪切荷重，直到试件发生破坏，通称抗剪断试验。抗剪断以后，沿剪断面进行重复剪切时，通称抗剪或摩擦试验，以上两项皆泛称抗剪试验。

岩体具有抵抗载荷而保持自身不受破坏的能力。岩体在未经剪切之前，具有各种不同的抗剪性状。不同的岩体具有不同的性状，但对同一种岩体，当受到周围环境不同因素的影响时，其抗剪性状也会有相当差异。同时，由于不同的工程作用和要求，也需要使用岩体的不同抗剪强度性状的数值。所以，对任一种岩体来说，考虑到各种工程结构的作用和要求，以及这些工程区域的环境，还需采用不同的抗剪性状以及不同的数值。目前，国内外所考虑的抗剪强度准则，从抗剪的性状来说，主要有比例极限强度、屈服极限强度、极限强度、残余强度、长期强度、最大允许位移、试体剪胀和剪切变形速度等。在脆性岩体中一般采用比例极限强度准则而在塑性岩体中采用屈服极限抗剪强度准则。试验表明，岩体抗剪强度在图内的点是分散的，因而不同的试验成果整理方法所得的结果也不相同，多数情况下采用的是图解法（优定斜率法）和最小二乘法。

2.1.2 经验公式法

现场试验虽然能比较好地确定岩体的抗剪强度指标，但由于其工程费用高且需用时间较长，因而难以大量进行。岩体是被各种结构面切割的岩石块体，岩石是岩体的组成单元。多年来的试验研究表明，小尺寸岩石试件的强度与岩体强度之间有一定的联系，因此多数工程采用室内岩石力学试验确定岩石的抗剪强度，然后依据经验公式间接确定岩体的强度。

室内岩石抗剪试验主要有三轴剪切试验和抗剪断试验。三轴剪切试验是通常用4~5个相同的圆柱形试样，分别在不同的小主应力 σ_3 围压下，施加轴向应力即主应力差（$\sigma_1-\sigma_3$），直至试样破坏的一种求取岩石的抗剪强度参数的试验。岩石抗剪断试验是将岩石试样放置于固定的试验机模具中进行剪切试验，以测试岩石的抗剪强度。其中岩石被加工成规则形状的称为规则抗剪断试验，否则称不规则抗剪断试验。

由于现阶段获取岩体力学参数的方法、设备、手段与岩体工程状态尚有差别，无论是岩石试验还是岩体原位试验，获得的力学参数直接用于岩体工程分析是不妥的，即使是现场原位岩体力学试验结果，由于试体的大小、模拟条件的差别，试验手段的不完善，也使其代表性和可靠性受到一定的局限，不能原封不动地应用于岩体工程，而必须作出一定的工程处理。

依据实验室获取的岩石抗剪强度指标就可以通过岩体强度换算经验公式来确定岩体的抗剪强度。影响岩体强度的因素是多方面的，最主要因素是岩体内不连续面密度以及地下水对岩体的影响，所以根据边坡岩体不连续面密度对岩石强度进行弱化，根据水对岩石力学参数的影响进行折减，是目前将岩石力学参数变换为岩体力学参数的常用工程方法。

2.1.2.1　CSIR 法

E. Hoek 教授和 E. T. Brow 在《岩石地下工程》一书中应用 Bieuwiaski 提出的节理岩体的 CSIR 分类法，对节理岩体采取计分，并由计分进行岩石力学参数的工程处理。

该方法考虑了完整岩石的单向抗压强度、岩石质量指标（RQD）、结构面的间距、结构面的状态、地下水条件、结构面的方向等 6 个影响因子。

节理岩体的 CSIR 分类法是由坚硬节理岩体中浅埋隧道工程发展起来的，因此根据所考虑的评分因素进行分类后，估计的岩体黏聚力 c_m、摩擦角 φ_m 值可供坚硬岩体浅层边坡考虑，在一般弱风化的坚硬岩体中比较适用。

2.1.2.2　费辛柯法

该方法除考虑岩体不连续面密度外，还考虑了工程岩体破坏高度，多适用于煤田沉积岩层的较坚硬-较软岩层。其 c_R 换算 c_m 的经验式：

$$c_m = \frac{c_R}{1 + a\ln\frac{H}{L}} \tag{2-1}$$

式中　c_R——岩石试验的黏聚力，MPa；

c_m——弱化后岩体黏聚力，MPa；

a——取决于岩石强度和岩体结构面分布的特征系数；

L——破坏岩体被切割的原岩尺寸，此处取不连续面间距；

H——岩体破坏高度，此处取边坡高度，m。

由于多数岩性尚没有出露，破坏岩体的间距无法直接获取。根据 Priest 和 Hudson（1976）发现，岩体节理裂隙频度 i（条/米）与 RQD（Rock Quality Designation）有以下关系：

$$\mathrm{RQD} = 100e^{-0.1i}(0.1i + 1) \tag{2-2}$$

可以近似式代替

$$\mathrm{RQD} = -3.69i + 110.4 \tag{2-3}$$

所以

$$i = -0.27\mathrm{RQD} + 29$$

$$L = \frac{1}{i}$$

2.1.2.3　给吉（M. Georgi）法

M. Georgi 对片麻岩、大理岩、辉长岩、角闪岩、二长斑岩、安山岩、玄武岩、流纹岩等15种坚硬的火成岩和变质岩的岩石强度和岩体强度进行了研究后，得出下述经验公式：

$$c_m = [0.114e^{-0.48(i-2)} + 0.02]c_R \tag{2-4}$$

式中 i——不连续面密度，条/米。

2.1.2.4 霍克（E. Hoek）法

E. Hoek教授在节理岩体CSIR分类估计的基础中，提出了基于抛物线型岩体剪切破坏准则，方程如下：

$$\sigma_1 = \sigma_3 + (m \cdot \sigma_c \cdot \sigma_3 + s \cdot \sigma_c^2)^{\frac{1}{2}} \tag{2-5}$$

式中 σ_1——破坏时的最大主应力；

σ_3——破坏时的最小主应力，在三轴情况下为侧限应力；

σ_c——组成岩体完整岩块的单轴抗压强度；

m，s——经验常数，它们与岩性、岩石风化程度、节理发育程度有关。其中系数m是个有限的正值，它不仅与节理发育程度、风化程度有关，而且与岩性有关，火成岩最高，其次硅酸盐岩，最差碳酸盐岩。s值变化范围为0~1，主要反映岩体风化状况与节理发育程度。

Hoek-Brown给出了m、s系数与CSIR分值的关系，据此回归经验关系式为：

$$s = \exp\left(\frac{\text{CSIR} - 100}{6.3}\right)$$
$$m = m_i \cdot \exp\left(\frac{\text{CSIR} - 95}{13.5}\right) \tag{2-6}$$

式中 m_i——完整岩块对应的m值，细粒取17。

2.1.3 经验折减法

国内外有些科研设计部门、咨询机构往往根据自己从事该类工程的多年经验，结合本工程的工程地质、水文地质和各类力学试验的具体条件及工程研究的具体要求，对岩石强度参数c_R、φ_R采取折减的方法。一些岩体工程专家常以降低某个量级取定c_m值。这种处理方法是以丰富的工程经验和实地调查研究以及岩石力学试验为基础的。

2.1.4 系数换算法

一些从事岩石力学试验多年的研究者们，从大量的试验数据中总结出一些经验关系，统计得到完整无裂隙的坚硬岩块的内摩擦系数$\tan\varphi_R$约为岩体内摩擦系数$\tan\varphi_m$的1.1~1.2倍作为工程应用。

2.1.5 摩擦比较法

该方法是以岩块锯断面摩擦角 φ_0 值为依据，并参照摩擦面平整硬性的岩块摩擦角来估计岩体的基本摩擦角 φ_b，据长期试验经验，岩体内摩擦角 φ_m 一般高出基本摩擦角 3°~5°，如此比较，可确定岩体的 φ_m 范围。

2.1.6 计算机模拟试验法

该方法是在完整岩块的室内试验资料和节理裂隙的野外勘探统计资料基础上，应用计算机模拟实际试验过程，并由此推求岩体力学参数。

另外 A. Palmstrom 提出了根据节理面的蚀变状况和粗糙度、节理尺寸和连续性好坏、岩石块体平均大小预测岩体强度折减系数的公式。

2.2 BP 神经网络理论及其算法

岩体作为地质体拥有十分复杂的力学特性，它们的力学行为是多种因素共同作用的结果，如形成过程、地质环境和工程环境等，上述经验公式很难将这些因素尤其是地质环境因素带入传统数学模型加以计算，而只是将几个较为常见的因素而不是全部因素作为变量来建立函数进行计算。由于这些公式忽视了许多因素，因此其预测结果与实际工程有一定的差异。人工神经网络作为人工智能的一个分支，能将所有控制因素作为一个整体来考虑，而不仅局限于定量因素。因此如果能够获得足够的样本，神经网络就能较好地处理工程岩体力学参数问题。

2.2.1 BP 神经网络的理论基础

人工神经网络（ANN，Artificial Neural Network）是基于模仿生物大脑结构和功能构成的一种信息处理系统，它由多个非常简单的处理单元彼此间按某种方式相互连接，靠系统本身的状态对外部输入信息的动态响应来处理信息。神经网络是人工智能的一个重要分支，具有非线性、并行性、健壮性和强泛化性等特点，因而具有较强的学习能力，并通过学习来实现输入和输出之间的非线性映射，对于处理具有强噪声、模糊性、非线性的地质体信息，具有广阔的应用前景。目前以误差反向传播（BP，Error Back Propagation）网络的应用最为广泛。

1982 年 Rumellhart、McCelland 及其同事们成立了一个 PDP 小组，研究并行分布式信息处理方法，1985 年提出 Back-Propagation 误差反向传播神经元网络算法，是一种多层前馈网络，简称 BP 模型。网络结构如图 2-1 所示。

BP 网络不仅有输入、输出节点，而且有一层或多层隐节点。在这种网络中，学习是一种误差边反向传播边修正的过程，在正向传播过程中，输入信号由输入层经隐含层单元逐层处理，并传至输出层，同层结点间没有任何联系，每一层神

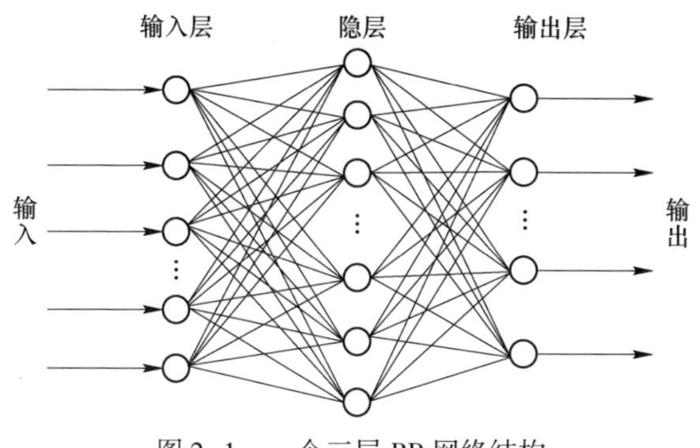

图 2-1 一个三层 BP 网络结构

经元的状态只影响下一层神经元的状态。如果在输出层不能得到期望的输出，则转入反向传播，将输出信号的误差沿原来的通路返回，根据误差修改各层神经元的权值，使得误差信号最小。

BP 模型把对一组样本的输入输出问题变为一个非线性优化问题。迭代运算求解权值相应于学习记忆问题，加入隐节点使得优化问题的可调参数增加，从而可得到更加精确的解。如果把这种模型看成一个从输入到输出的映射，这个映射是一个高度非线性的映射。如果输入节点数为 N，输出节点数为 M，网络是从 N 维欧氏空间到 M 维欧氏空间的映射。代表输入输出关系的是神经元之间的联接强度（权重），不同的权重反映着不同的输入、输出关系，因此，这种网络具有分布式存储的特点。1987 年，R. Hecht-Nielsen 在 Kolmognov 连续函数表示定理的基础上已经证明，只要采用有隐层单元的网络，这种映射就是存在的。下面的定理说明了一个三层感知器可以任意精度逼近 L_2 的函数：

定理 1：对于 $\varepsilon>0$ 和任意 L_2 函数 f：$[0, 1]^N \quad R^N \rightarrow R^M$，总存在一个三层感知器，使得感知器完成的映射与真值的均方差小于 ε。

定理 2：隐层神经元数目为 $2N+1$ 的三层感知器可以精确实现任意的连续映射 f：$[0, 1]^N \quad R^N \rightarrow R^M$。

2.2.2 BP 算法介绍

BP 网络是通过将网络输出误差反馈回传来对网络参数进行修正，从而实现网络的映射能力。决定人工神经网络的整体功能的因素有 3 个：

（1）单个神经元的作用函数；

（2）网络连接的拓扑结构；

（3）联接强度系数（权重）。

1989 年 Robet Hect-Nielson 证明了具有一个隐含层的 3 层 BP 网络可以有效逼近任意连续函数，这个 3 层 BP 网络包括输入层、隐含层和输出层。考虑到实际应用的要求，网络设计时应坚持的一个原则是尽可能地减小系统的规模和复杂性。

本书采用一个 3 层 BP 网络模型。设 BP 网络有 p 个样本，n 个输入单元、m 个输出单元和 q 个隐含层单元。对第 k 个样本，输入向量 $x_k = (x_{1k}, x_{2k}, \cdots, x_{nk})$，输出向量 $y_k = (y_{1k}, y_{2k}, \cdots, y_{mk})$，期望输出向量 $t_k = (t_{1k}, t_{2k}, \cdots, t_{mk})$，中间隐含层单元的输出向量 $z_k = (z_{1k}, z_{2k}, \cdots, z_{qk})$，则对任一隐含单元 h 和任一输出单元 j 的输出为：

$$\begin{cases} z_{hk} = f\left(\sum_{i=1}^{n} w_{ih} x_{ik} - \theta_h\right) \\ y_{jk} = f\left(\sum_{h=1}^{q} v_{hj} z_{hk} - \gamma_j\right) \end{cases} \tag{2-7}$$

式中，θ_h、γ_j 分别为隐含层和输出层节点的阈值，n 为输入层单元的个数，w_{ih} 为连接输入层单元 i 和隐含层单元 h 的权值。q 为隐含层单元个数，w_{hj} 为连接隐含层单元 h 和输出层单元 j 的权值。f 为映射函数，常用的映射函数有阈值型、S 型（Sigmoid 函数）、伪线性型等，在本文中取 S 型函数作为映射函数，其值域在 0 ~ 1 之间：

$$f(x) = \frac{1}{1 + \mathrm{e}^{-x}} \tag{2-8}$$

定义第 k 组样本时网络的目标函数为网络运行结果与期望输出之间的残差平方和：

$$E(w) = \frac{1}{2} \sum_{j=1}^{m} (y_{jk} - t_{jk})^2 \tag{2-9}$$

BP 网络的训练方法很多，本书采用梯度下降法来降低网络的训练误差。定义网络总的目标函数为：

$$\mathrm{Min} J(w) = \sum_{k=1}^{p} E(w) \tag{2-10}$$

首先计算出输出层和隐含层各单元的一般化误差 d_{ij}、e_{ij}，

$$\begin{aligned} d_{jk} &= (1 - y_{jk}) y_{jk} (t_{jk} - y_{jk}),\ j = 1,\ 2,\ \cdots,\ m \\ e_{hk} &= z_{hk}(1 - z_{hk}) \sum_{j=1}^{m} d_{jk} v_{hj},\ h = 1,\ 2,\ \cdots,\ q \end{aligned} \tag{2-11}$$

按照梯度下降算法，输出层与隐含层、隐含层与输入层之间权值修正分别按下式迭代计算：

$$\begin{aligned} v_{hj}(t + 1) &= w_{hj}(t) + \eta d_{jk} z_{hk} \\ w_{ih}(t + 1) &= w_{ih}(t) + \eta e_{hk} x_{ik} \end{aligned} \tag{2-12}$$

输出层与隐含层各单元的阈值按下式进行修正：

$$\begin{aligned} \gamma_j(N + 1) &= w_j(N) + \eta d_{jk} \\ \theta_h(N + 1) &= w_h(N) + \eta e_{hk} \end{aligned} \tag{2-13}$$

式中，N 为迭代次数；η 为学习因子，$0<\eta<1$。

当总误差满足要求 $E(w)\leqslant\varepsilon$，则训练完成，否则应将误差（$t_{jk}-y_{jk}$）反向回馈至各神经单元并依据式（2-11）~式（2-13）修正联接权值和阈值，然后进行下一次的训练，直到满足要求为止。

BP 网络的训练问题本质上是无约束的非线性最优化问题，标准的 BP 算法是一种最速下降法，算法本身仅有线性收敛速度，在实际应用中，为了使收敛速度加快，又不致产生振荡，通常在权值修正公式中再加上一个动量项，即：

$$w_{ij}(N+1)=w_{ij}(N)+\eta\delta w_{ij}+\alpha(w_{ij}(N)-w_{ij}(N-1)) \tag{2-14}$$

式中，α 为一常数，称为动量因子，它决定上一次学习的权值变化对本次权值更新的影响程度。

最基本的 BP 算法有两种：一种是标准 BP 算法；另一种是“批处理”学习算法。标准 BP 算法以下列准则函数作为目标函数：

$$E(w)=\frac{1}{2}\sum_{j=1}^{m}(y_{jk}-t_{jk})^2 \tag{2-15}$$

随机选取样本集内所有样本逐个进行学习，要求沿 $E(w)$ 的负梯度方向不断修正权值的数值，直到 $E(w)$ 达到最小值。“批处理”学习算法则是将所有 p 个样本学习完，以下面的准则函数作为目标函数：

$$E(w)=\frac{1}{2}\sum_{k=1}^{p}\sum_{j=1}^{m}(y_{jk}-t_{jk})^2 \tag{2-16}$$

即将样本集作为一个整体进行学习，要求沿着 $E(w)$ 的负梯度方向不断修正权值的数值，直到 $E(w)$ 达到最小值，其中标准 BP 算法学习过程中每次只利用到一个样本的信息，因而每次迭代的计算量较少，但是由于学习过程存在遗忘现象，收敛速度比较慢；“批处理”算法由于在整体上改进误差，因而学习过程迭代次数较少，但是当样本集较大时，存在每次迭代计算量较大而造成收敛速度慢的缺点。因而“批处理”学习算法主要适用于样本集较小的情况。文献［133］在综合两种算法优点的基础上提出一种新的学习算法——最大误差学习算法，它既能克服“批处理”学习时每次计算量较大的缺点，同时又能保持较少的迭代次数，从而在整体上提高了算法的效率。最大误差学习算法的基本思想是：将所有样本学习后，并不以所有误差最小二乘累加作为目标函数，而选取误差最大的一个样本作为学习样本对权值进行修正，再以修正后的权值作为起点对所有样本求得各自误差，选取最大误差的样本作为学习样本，如此反复，直到达到误差要求。这样每一次学习时都是用一个样本进行学习，避免了“批处理”多样本学习时每次计算量较大的缺点，同时选取误差最大的样本作为学习样本也在一定程度上保证误差沿整体减小的方向修正，避免了学习过程会产生像标准 BP 算法那样的振荡现象。

据此，最大误差学习算法的具体步骤为：

(1) 将权值和神经元阈值初始化，给所有权值和阈值赋以在（-1，1）上分布的随机数。

(2) 输入样本模式，指定输出层各神经元的期望输出值。

(3) 依次计算每层神经元的实际输出，直到计算出输出层各神经元的实际输出，各神经元的实际输出根据式（2-7）。

(4) 计算输出层结点输出与期望输出的误差，对所有样本比较 $E(w)$ 的大小，取 $E(w)$ 最大的样本对（x_m，y_m）作为学习样本。

(5) 修正每个阈值和权重。从输出层开始，逐步向后递推，直到输入层，修正阈值和权重按式（2-11）和式（2-12）。

(6) 转到第三步，循环直到 $E(w)$ 变得足够小且权重稳定为止。

BP 算法是一个很有效的算法，但也存在一些问题，如局部极小问题，训练瘫痪问题等。在某些情况下，网络训练过程中由于大量神经元的权值已修改得很大，使得与输入的累加和也很大，引起输出接近极限，此时特性函数的斜率趋于0，从而导致权值不能收敛。还有隐层单元数无一般指导原则，新加入的学习样本会影响已学习完样本的学习结果的问题。实际应用中有些参数需要多次调试，直至满足要求为止。

2.3　工程岩体抗剪强度参数的人工神经网络模型的选取

工程岩体是一种复杂的结构体，是经历了不同的地质历史而形成的，随着空间与时间的变化，工程内不同部位的岩体将表现出不同的抗剪强度性能。要通过人工神经网络方法确定岩体抗剪强度参数首先要较为全面地确定影响岩体抗剪强度的因素。

2.3.1　影响工程岩体抗剪强度参数的主要因素

影响工程岩体抗剪强度的因素很多，岩石抗剪强度、结构面状态、节理发育程度、风化程度等都对岩体的抗剪强度有很大影响。本小节的人工神经网络模型主要考虑以下因素：

(1) 岩石的黏聚力（MPa）。

(2) 岩石的内摩擦角（°）。

以上二者是确定岩体抗剪强度参数的主要依据，岩体抗剪强度最终就是由岩石抗剪强度参数依据其他特征折减而来。确定岩石抗剪强度参数的方法通常是岩石三轴试验、岩石规则或不规则抗剪断试验等。

(3) 岩石单轴抗压强度 R_c（MPa）。岩石单轴抗压强度反映了岩石的坚硬程度，单轴抗压强度越高，岩石越坚硬，因而单轴抗压强度一定程度上影响岩体抗剪强度的大小。

(4) 地应力 (MPa)。岩体的抗剪强度曲线是如图2-2所示的近似曲线，从图上可看出不同的正应力范围对应不同的抗剪强度参数，因此必须了解岩体正应力的大概范围，才能比较正确地确定出岩体的抗剪强度参数。本小节搜集的样本来自边坡工程岩体，主要考虑岩体的自重应力场，而未考虑构造应力场，由于其正应力范围主要与上覆岩体的厚度有关，因此本次研究将该因素取为边坡的坡高。

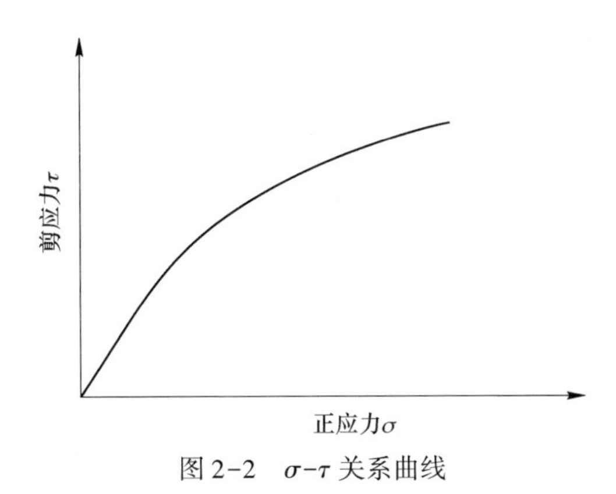

图2-2 σ-τ关系曲线

(5) 服务年限 (年)。岩石具有流变性，随着时间的增长，岩体长期强度将逐渐降低，同时随着工程岩体的开挖，岩体暴露于空气中易风化，强度随着时间的推移而逐渐变弱，因此必须考虑其时间效应。

(6) 不连续面密度 (条/米)。岩体不连续面包括节理、裂隙、劈理等，不连续面密度越高，岩体越破碎，因而其强度越低。

(7) 软化系数。水对岩石的作用主要表现在软化、溶蚀、膨胀三方面，其中对岩体抗剪强度影响最普遍的是岩石的软化作用。软化系数即指饱和状态下岩石的单轴抗压强度与天然湿度状态下岩石的单轴抗压强度之比，这是反映岩体水理软化特征的重要参数。

(8) 风化程度。风化程度对岩石抗剪强度有着重要的影响，本次输入将岩石风化程度分为四级，即未风化、风化轻微、风化较重、风化严重。

(9) 岩性。构成地壳岩体单元体的岩石按其成因分为岩浆岩、变质岩、沉积岩，由于岩石成因的不同，形成不同的岩石的结构与构造，并进而影响岩体的力学性质。

(10) 主要结构面的状态。岩体结构面的成因类型很多，性质也很复杂，各有其不同的特征，考察结构面的状态，主要考虑以下几点[147]：

1) 结构面的物质组成：有些结构面上物质软弱松散，含泥质物及水理性质不良的黏土矿物，抗剪强度很低，我们称之为软弱结构面，它们对岩体的抗剪强度参数的影响较大。

2）结构面的延展性与贯通性：对于节理、层理这类结构面，其连续性状态对岩体抗剪强度参数有一定的影响。

3）结构面的密集程度因其对岩体结构影响较大，并能给出定量统计，已将其单独列出。

4）结构面的平整光滑程度、结构面的平直完整程度、以及光滑度、起伏差等特征对其抗剪强度影响很大，所以加以研究以便区别各类结构面的力学特性。

据此，将结构面状态分类如表 2-1 所示。

表 2-1　结构面状态分类

1	2	3	4	5
结构面非常粗糙，不连续，闭合，无风化岩壁	微粗糙，结构面张开度 <1mm，轻微风化岩壁	微粗糙，结构面张开度 >1mm，严重风化岩壁	滑面或夹泥 <5mm 厚或张开度 1 ~ 5mm 连续	软夹泥 >5mm 厚或张开度 >5mm

（11）岩体结构。不同岩性及不同形式的结构体的组合方式决定岩体结构类型，在划分岩体结构类型时，除结构面性质和结构体形式外，还必须考虑到岩体的不连续性和不均一性特征。

依据谷德振 1979 年分类方法，将岩体结构分为如下 8 类，即

整体块状结构：整体结构 Ⅰ，块状结构 Ⅱ；

层状结构：层状结构 Ⅲ，薄、层状结构 Ⅳ；

碎裂结构：镶嵌结构 Ⅴ，层状碎裂结构 Ⅵ，碎裂结构 Ⅶ；

散体结构 Ⅷ。

（12）蚀变特征：蚀变对岩体抗剪强度影响很大，泥化、高岭土化、绢云母化、蛇纹石化等都将大幅度降低岩体的抗剪强度，而硅化、碳酸盐化将不同程度地提高岩体的强度。本模型将蚀变特征划分为以下几大类：1）硅化、2）碳酸盐化、3）无蚀变、4）绢云母化、5）蛇纹石化、6）绿泥石化、7）石墨化、8）高岭土化、9）泥化。

因此，确定岩体抗剪强度参数共计 12 个指标，其中前 7 个为定量指标，后 5 个因素为定性指标，对于定量指标可直接作为输入参数输入，对定性指标可采用相应的数字代码作为输入指标。

2.3.2　网络结构参数的选取

研究表明，系统的非线性程度随隐层单元数目增加而增加，但并非单元数目越多越好，应视问题的复杂性而定。节点数过大，则收敛速度慢，训练时间长；节点数过小，则难以保证有足够的精度。依据连续函数表示定理（即 Kolmogorov

定理）并结合试算法可确定隐层节点数，本模型取 20 个隐层节点。程序框图如图 2-3 所示。网络在训练过程中随着一次又一次的权值修正迭代，网络的误差应是不断减小的，但是在一段时间误差随迭代次数的增加而保持不变，而过了这段时间后，误差又迅速减小，我们称学习过程中的这种现象为假饱和现象（又称麻痹现象）。为防止训练过程中网络出现假饱和现象，在网络输出层的权值调节项中，映射函数的一阶导数附加一个修正系数 0.01，即

$$\delta_k = [f'(x) + 0.01](y_k - t_k) \tag{2-17}$$

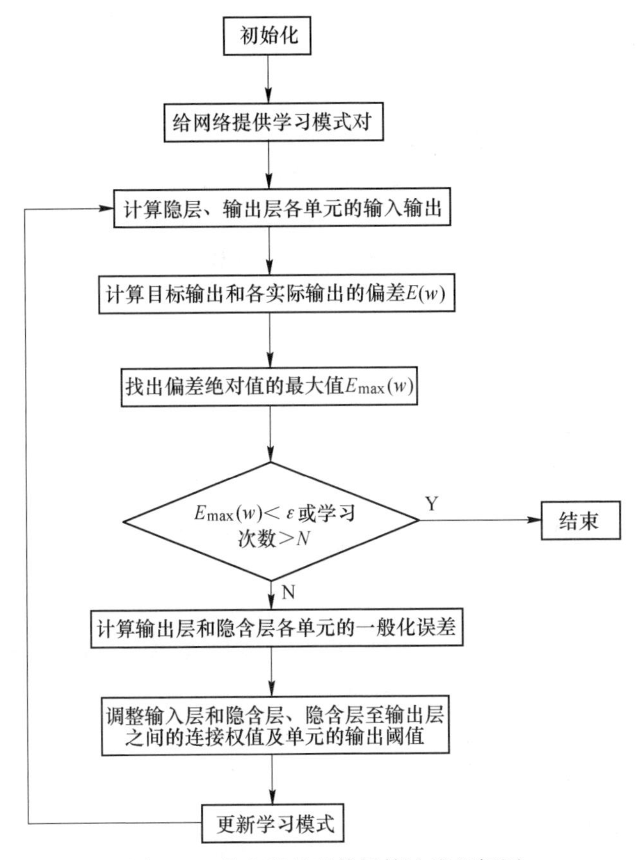

图 2-3 最大误差逆传播算法流程框图

为了保证网络具有足够的非线性，在映射函数式中增加一个非线性调节系数 a：

$$f(x) = \frac{1}{1 + e^{-\frac{x}{a}}} \tag{2-18}$$

式中，对隐层 a 取 0.8，对输出层 a 取 0.4。

考虑到量纲不同的影响，输入向量和输出层的期望输出按下式进行归一化

处理：

$$C_i = \frac{x_i - (x_i)_{\min} + 0.01}{(x_i)_{\max} - (x_i)_{\min} + 0.01} \tag{2-19}$$

式中，$(x_i)_{\max}$、$(x_i)_{\min}$ 分别为样本输入、输出各指标中可能出现的最大值和最小值。而 0.01 则是为了避免零输入而附加的修正值。

2.3.3 神经网络的学习与检验

选取好神经网络的参数后，就可利用相关的学习样本模式对网络进行学习和训练。典型的 BP 网络应用不仅需要一个训练集，而且还要有一个评价训练效果如何的测试集。训练集用于训练网络，使网络能按照学习算法调节结构参数，以达到学习的目的。测试集则是用于评价已训练好的网络的性能，即泛化能力。一般来讲，训练集所包含的训练模式对的个数只是数据源的一部分，即使用训练集内所有模式对训练好了网络，也不能保证用其他模式对测试时，都能得到满意的结果。如果用训练模式对之外的一组典型模式对构成测试集测试网络，所得结果均是满意的，那么就说该网络泛化能力很强；否则就说明所选择的训练模式对是不具有代表性的，不能体现源数据集的整体特征，泛化能力较弱或很差。因此，为了获得比较好的网络性能，必须满足两个基本前提：（1）训练集和测试集应使用典型的模式对；（2）测试集应不同于训练集。

为了学习与检验，收集了若干不同矿山边坡岩体抗剪强度指标，为了尽最大程度保证收集样本的准确性和代表性，本书收集的 53 组数据，多数为现场原位剪切实验实测值或依据已发生滑坡的反分析值。取前 42 组数据作为训练样本（如表 2-2 所示），后 11 组数据作为检验样本（如表 2-3 所示）。

训练过程中绘出误差随训练次数变化的曲线图，如图 2-4 所示。

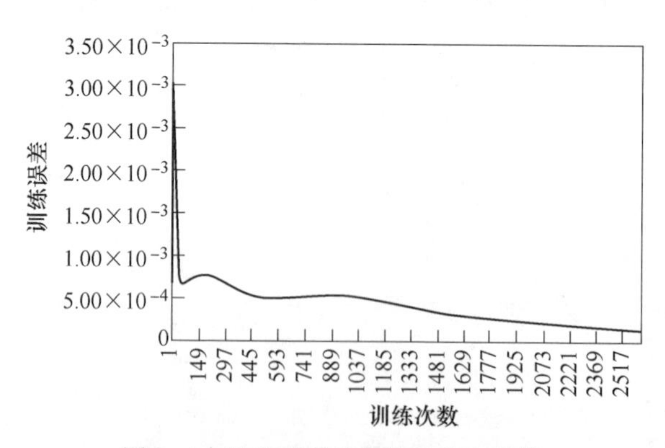

图 2-4 误差随训练次数的变化曲线

从图 2-4 可以看出训练约 2500 次后，误差 $\varepsilon<1.49\times10^{-4}$ 已稳定，即随着训练次数的增加误差不再有明显的降低，此时误差已能满足精度要求。

表 2-2 训练神经网络的学习样本集

岩组名称	风化程度	岩石抗剪强度		单轴抗压强度/MPa	坡高/m	服务年限/a	节理密度/条·米$^{-1}$	软化系数	岩性	结构面状态	岩体结构	蚀变特征	岩体抗剪强度	
		黏聚力/MPa	摩擦角/(°)										黏聚力/MPa	摩擦角/(°)
混合岩化片麻岩	未风化	14.5	54	118.0	95	25	11.29	0.83	变质岩	0.2	块状	无	0.21	43.0
花岗闪长斑岩	未风化	20.28	46.49	181.2	95	25	20.40	0.88	岩浆岩	2	块状	无	1.45	43.0
磁铁石英岩	较重	8.35	49.15	80.1	232	25	11.29	0.92	变质岩	2	块状	无	0.60	44.0
石英砂岩	未风化	34.16	45.80	168.9	160	25	9.43	0.84	沉积岩	2	镶嵌	无	0.86	40.0
斜长角闪岩	未风化	8.0	59	105.7	160	25	14.72	0.83	岩浆岩	3	块状	无	0.43	41.0
斜长角闪岩	未风化	8.0	59	105.7	160	25	14.72	0.83	岩浆岩	3	块状	高岭土化	0.052	33.5
斜长角闪岩	未风化	10.0	53.5	101.7	95	25	20.4	0.83	岩浆岩	2	块状	无	0.72	44.0
斜长角闪岩	未风化	8.0	49	118.0	232	25	11.29	0.83	岩浆岩	4	块状	无	0.34	41.0
混合岩化片麻岩	未风化	10.0	53.5	105.3	260	25	5.78	0.83	变质岩	3	块状	无	0.43	43.0
混合岩化片麻岩	未风化	10.0	53.5	105.3	260	25	5.78	0.83	变质岩	3	块状	高岭土化	0.025	32.3
角闪片岩	轻微	11.025	40.76	104.4	372	43	6.48	0.80	变质岩	2	层状	无	0.396	39.8
角闪片岩	未风化	17.087	40.46	171.0	460	43	8.52	0.80	变质岩	2	层状	无	0.409	40.4
铁英岩	未风化	13.652	40.93	159.2	444	43	6.48	0.88	变质岩	2	层状	无	0.42	40.5
含铁石英片岩	未风化	15.63	46.43	136.0	402	43	8.53	0.90	变质岩	2	层状	无	0.40	40.32
石英片岩	严重	2.427	31.42	23	576	43	4.79	0.65	变质岩	4	薄层	无	0.179	31.9
辉长闪长岩	轻微	6.91	36.5	17.68	140	15	38.91	0.9	岩浆岩	2	镶嵌	无	0.194	33.6
高岭土化辉长闪长岩	严重	0.068	18.1	1.73	140	15	38.91	0.85	岩浆岩	4	碎裂	高岭土化	0.029	21.5
混合岩化片麻岩	轻微	8.0	58	105.3	210	25	20.55	0.83	变质岩	4	块状	无	0.476	45.0
混合岩化片麻岩	较重	7.0	42	28.29	210	25	20.55	0.83	变质岩	5	块状	高岭土化	0.012	24.0
页　岩	严重	1.188	45.8	36.3	160	22	9.43	0.55	沉积岩	5	薄层状	无	0.016	35.0

续表 2-2

岩组名称	风化程度	岩石抗剪强度		单轴抗压强度/MPa	坡高/m	服务年限/a	节理密度/条·米$^{-1}$	软化系数	岩性	结构面状态	岩体结构	蚀变特征	岩体抗剪强度	
		黏聚力/MPa	摩擦角/(°)										黏聚力/MPa	摩擦角/(°)
石英砂岩	轻微	4. 20	43. 7	114. 4	400	20	5. 46	0. 84	沉积岩	2	薄层状	无	0. 353	36. 7
石英砂岩	未风化	8. 13	44. 6	171. 0	400	20	3. 38	0. 84	沉积岩	1	厚层状	无	0. 576	37. 5
粉砂岩	未风化	6. 34	41. 8	61. 0	400	20	3. 44	0. 70	沉积岩	2	薄层状	无	0. 32	33. 81
粉砂岩	较重	4. 89	38. 8	48. 0	400	20	4. 48	0. 70	沉积岩	3	薄层状	无	0. 21	33. 7
云母石英片岩	未风化	15. 43	40. 36	131. 8	576	43	8. 51	0. 69	变质岩	2	层状	无	0. 37	40. 28
含铁绿泥石英片岩	轻微	18. 55	40. 76	78. 5	402	43	15. 04	0. 72	变质岩	3	薄层	无	0. 38	40. 28
角闪岩	未风化	12. 71	51. 40	149. 3	402	43	4. 79	0. 84	岩浆岩	1	块状	无	0. 30	40. 76
云母石英片岩	严重	7. 088	37. 74	73. 3	576	43	6. 48	0. 69	变质岩	4	层状	无	0. 23	37. 61
绿泥石英片岩	未风化	15. 89	34. 59	66. 0	576	43	14. 72	0. 70	变质岩	3	薄层状	绿泥石化	0. 293	34. 7
高岭土化辉长闪长岩	较重	0. 055	25. 95	4. 22	140	15	38. 91	0. 95	岩浆岩	3	碎裂	高岭土化	0. 039	23. 7
高岭土化辉长闪长岩	轻微	0. 222	34. 18	8. 71	140	15	38. 91	0. 95	岩浆岩	2	碎裂	高岭土化	0. 155	32. 0
碳酸盐化辉长闪长岩	较重	1. 25	31. 51	52. 80	140	15	38. 76	0. 9	岩浆岩	3	碎裂	碳酸盐化	0. 055	30. 0
碳酸盐化辉长闪长岩	轻微	6. 91	36. 5	82. 30	140	15	38. 76	0. 95	岩浆岩	2	碎裂	碳酸盐化	0. 194	34. 0
安山岩	严重	0. 46	29. 79	30. 38	100	15	38. 91	0. 85	岩浆岩	3	碎裂	无	0. 08	28. 0
安山岩	较重	5. 85	34. 4	41. 25	100	15	38. 91	0. 9	岩浆岩	3	碎裂	无	0. 118	32. 4
安山质角砾熔岩	较重	5. 85	34. 4	16. 00	100	15	38. 76	0. 9	岩浆岩	3	碎裂	无	0. 118	34. 0
安山质角砾熔岩	轻微	7. 48	35. 98	26. 51	100	15	38. 76	0. 95	岩浆岩	2	碎裂	无	0. 15	35. 0
凝灰岩	较重	2. 76	32. 3	10. 55	100	15	38. 76	0. 9	岩浆岩	3	碎裂	无	0. 055	31. 0
贫铁矿	未风化	15. 8	45. 5	52. 8	140	15	38. 76	0. 95	变质岩	1	块状	无	0. 275	41. 0
富铁矿	未风化	18. 38	44. 9	130	140	15	38. 76	0. 95	变质岩	1	块状	无	0. 45	43. 5
凝灰岩	严重	1. 13	29. 6	7. 80	100	15	38. 76	0. 85	岩浆岩	4	碎裂	无	0. 028	28. 0

表 2-3 用于检验神经网络的样本

岩组名称	风化程度	岩石抗剪强度		单轴抗压强度/MPa	坡高/m	服务年限/a	节理密度/条·米$^{-1}$	软化系数	岩性	结构面状态	岩体结构	蚀变特征	岩体抗剪强度	
		黏聚力/MPa	摩擦角/(°)										黏聚力/MPa	摩擦角/(°)
角闪片岩	未风化	23.17	50.3	112.6	98	22	6.89	0.82	变质岩	1	整体块状	无	0.75	40.5
角闪斜长片麻岩	未风化	16.07	52.8	107.4	120	22	5.55	0.83	变质岩	1	整体块状	无	0.45	39.4
伟晶花岗岩	未风化	18.27	48.17	136.4	120	22	5.81	0.90	岩浆岩	2	块状结构	无	0.84	38.9
黑云斜长片麻岩	未风化	11.15	39.1	76.5	120	22	6.97	0.83	变质岩	3	块状结构	无	0.41	34.8
含铁角闪石英片岩	未风化	30.05	54.4	162.4	135	22	4.78	0.90	变质岩	1	整体块状	无	1.16	46.2
凝灰岩	轻微	5.00	34.69	19.11	100	15	38.76	0.95	岩浆岩	2	碎裂结构	无	0.14	32.2
粉砂质泥（页）岩	较重	1.38	36.91	23.04	140	15	38.91	0.9	沉积岩	2	层状结构	无	0.074	35.2
长石石英砂岩	轻微	8.9	39.76	46.23	140	15	38.91	0.95	沉积岩	2	层状结构	无	0.263	38.0
断层角砾岩	严重	7.03	39.3	43.1	120	22	14.3	0.76	变质岩	3	碎裂结构	无	0.26	29.6
绿泥角闪片岩	较重	16.48	36.9	99.0	120	22	0.76	0.74	变质岩	1	块状结构	绿泥石化	0.21	32.6
安山岩	轻微	10.0	37.75	37.30	100	15	38.91	0.95	岩浆岩	2	碎裂结构	无	0.267	35.0

应用表 2-3 中的测试样本集对已训练好的网络进行检验，所得检验结果如表 2-4 所示。

表 2-4 神经网络方法预测结果

岩石名称	黏聚力/MPa		相对误差/%	摩擦角/(°)		相对误差/%
	预测值	理论值		预测值	理论值	
角闪片岩	0. 63	0. 75	-16. 0	41. 95	40. 5	3. 58
角闪斜长片麻岩	0. 44	0. 45	-2. 22	41. 25	39. 4	4. 7
伟晶花岗岩	0. 74	0. 84	-11. 9	42. 96	38. 9	10. 4
黑云斜长片麻岩	0. 23	0. 41	-43. 9	34. 78	34. 8	-0. 06
含铁角闪石英片岩	0. 89	1. 16	-23. 3	43. 93	46. 2	-4. 91
凝灰岩	0. 12	0. 14	-14. 2	31. 88	32. 2	-0. 99
粉砂质泥（页）岩	0. 119	0. 074	61. 6	33. 13	35. 2	-5. 88
长石石英砂岩	0. 21	0. 263	-20. 1	40. 10	38. 0	5. 52
断层角砾岩	0. 16	0. 26	-38. 0	32. 56	29. 6	10. 0
绿泥角闪片岩	0. 30	0. 21	42. 8	31. 61	32. 6	-3. 03
安山岩	0. 21	0. 267	-21. 3	32. 97	35. 0	-5. 79

对表 2-4 中数据统计表明，黏聚力的最大相对误差为 61. 6%，平均相对误差为 25. 97%；而摩擦角的相对误差较小，最大相对误差为 10. 4%，平均相对误差仅为 4. 99%。结果表明该方法可行，结果比较合理。

图 2-5 绘出了神经网络预测值和抗剪强度真实值曲线，从图中可以看出神经网络预测值和真值比较接近。

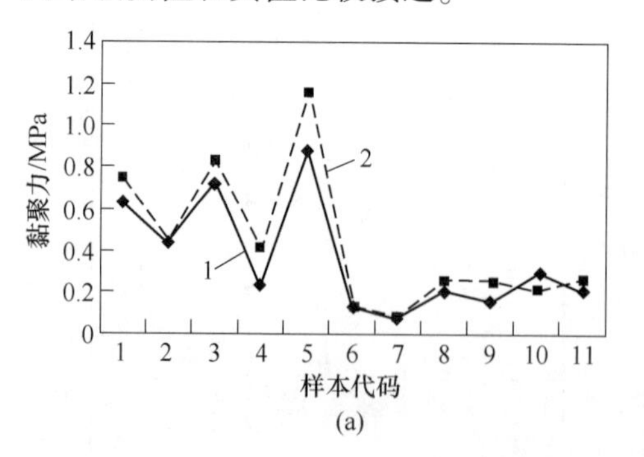

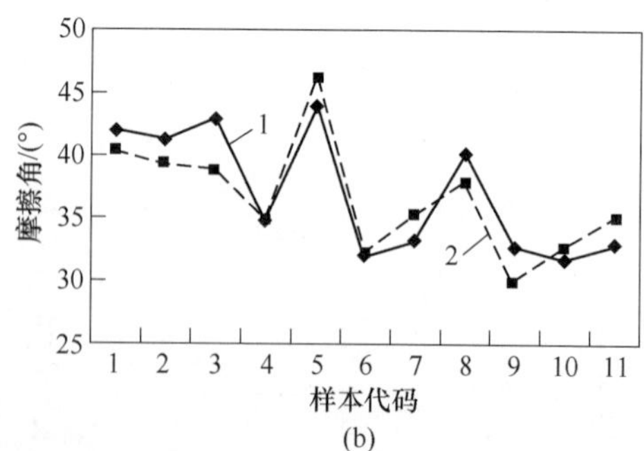

图 2-5 神经网络预测值和真实值的比较图

1—预测值；2—真实值

2.3.4 工程应用——乳山大业金矿采场边坡抗剪强度参数选取

以山东省乳山市大业金矿采场边坡为例，应用人工神经网络预测岩体的抗剪强度参数。

该金矿位于山东省乳山市，地形为缓坡丘陵，采场边坡岩性主要为下元古界荆山群的斜长片麻岩和中生界白垩系的砾岩等，岩石破碎，风化蚀变强烈，强度较低。该露天矿顶部标高+88m，底部标高-56m，终了边坡垂直高度为144m，采场计划服务年限为12年。结合地质资料，确定各种输入参数，根据已经训练好的神经网络模型预测出各种岩体的抗剪强度参数，结果见表2-5所示。

在现场对强风化构造角砾岩和碎裂岩进行了原位剪切试验。强风化构造角砾岩的黏聚力和摩擦角为0.164MPa和39.53°，而神经网络预测值分别为0.173MPa和37.66°；风化碎裂岩的黏聚力和摩擦角为0.185MPa和27.33°，相应的预测值为0.165MPa和26.60°。结果表明，强风化碎裂岩和强风化构造角砾岩预测结果与现场原位剪切试验结果接近，误差较小，这说明该网络预测结果比较可靠，其他岩体抗剪强度参数的预测结果可作为边坡稳定性分析时的参考指标。

2.4 神经网络模型的优化控制与合理性评价

2.4.1 神经网络输入对输出的相对作用强度

综观目前的应用，人工神经网络所起的作用基本上类似于回归分析和函数逼近。实际上，神经网络模型仅关注的是输入与输出间的正确映射关系，而没有考虑各输入参数和输出参数之间的关系，要达到对模型的优化控制，就必须正确地确定出输入对输出的相对作用强度。

目前应用最为广泛的人工神经网络模型是误差反向传播BP模型。对于一个训练完毕的BP神经网络，在应用阶段其连接权值就是固定的，其输出层的输入输出为：

$$z_h = \frac{1}{1 + e^{-a_i}} \tag{2-20}$$

$$a_i = \sum_{i=1}^{n} w_{ih}x_i - \theta_h$$

隐含层的输入输出为：

$$y_j = \frac{1}{1 + e^{-b_j}} \tag{2-21}$$

$$b_j = \sum_{h=1}^{q} v_{hj}z_h - \gamma_j$$

式中，w_{ih}、v_{hj} 为连接权值，θ_h、γ_j 为阈值。

表 2-5　利用人工神经网络模型预测大业金矿采场边坡的岩体抗剪强度

岩组名称	风化程度	岩石抗剪强度		单轴抗压强度/MPa	坡高/m	服务年限/a	节理密度/条·米$^{-1}$	软化系数	岩性	结构面状态	岩体结构	蚀变特征	预测岩体强度	
		黏聚力/MPa	摩擦角/(°)										黏聚力/MPa	摩擦角/(°)
含石墨构造角砾岩	严重	1.644	38.42	28.54	144	12	37.5	0.60	变质岩	4	碎裂	石墨化	0.058	25.61
构造角砾岩	较重	6.34	39.85	43.79	144	12	20.0	0.78	变质岩	3	碎裂	石墨化	0.173	37.66
闪长玢岩	轻微	12.16	41.99	92.73	144	12	11.0	0.70	岩浆岩	3	镶嵌	无	0.228	36.56
碎裂岩	较重	10.21	41.98	56.49	144	12	8.0	0.78	变质岩	2	镶嵌	石墨化	0.165	26.60
糜棱岩	未风化	14.62	44.10	127.04	144	12	52.5	0.95	变质岩	3	镶嵌	无	0.266	40.19
矿　体	严重	1.725	31.76	28.86	144	12	39.1	0.90	变质岩	2	块状	无	0.101	30.50
角闪闪长岩	轻微	12.39	44.12	68.63	144	12	57.5	0.94	岩浆岩	2	镶嵌	无	0.168	40.93
砾　岩	轻微	9.72	42.35	82.53	144	12	14.0	0.92	变质岩	3	镶嵌	无	0.225	35.30

可以将以上公式改写为：

$$y_j = f\left[\sum_h v_{hj} \cdot f\left(\sum_i w_{ih} \cdot \frac{1}{1 + e^{-x_{ik}}} - \theta_h\right) - \gamma_j\right] \tag{2-22}$$

式中，x_{ik} 为第 k 个样本第 i 个结点的输入，f 为 sigmoid 型函数。

可见，输出可以被看作是输入的复合函数，根据复合函数的求导法则，就可以得到输出对输入的导数。对连续可导的原函数，这就是所求的相互作用。但是，原函数并不一定是连续可导的，而且，我们所关心的仅是相对的量。于是，在此引用文献［32］定义的一个参数，即神经网络输入对输出的相对作用强度。

定义：对于一个给定的样本集 $X=\{X_1, X_2, X_3, \cdots, X_j, \cdots, X_n\}$，这里 X_j 是样本集中的第 j 个样本，且 $X_j=\{x, y\}$，x 和 y 分别是此样本的输入和输出，$x=\{x_1, x_2, \cdots, x_n\}$ 和 $y=\{y_1, y_2, \cdots, y_m\}$ 分别表示此样本集有 n 个输入和 m 个输出；若能够找到一个合适的前馈神经网络，使得此网络经过训练后可以任意逼近此样本集所表征的映射 f：$x \to y$，网络任意节点 p 与其邻层节点 q 的连接强度为 w_{pq}，任意隐层或输入层节点 r 上的激励函数的导函数为 $G(a_r)$，a_r 为该节点 r 上所接收的前层节点的加权输入，且对此网络的输入 i 和输出 j 间有下式存在：

$$\mathrm{RSE}_{ij} = C \sum_{q_n} \sum_{q_{n-1}} \cdots \sum_{q_1} w_{q_n j} G(a_j) w_{q_{n-1} q_n} G(a_{q_n}) \cdots w_{ij} G(a_{q_1}) \tag{2-23}$$

在此 C 是一个规范化系数，它的作用是使各输入单元 RSE 的最大值为 1，则称 RSE_{ij} 为由样本集 S 所得网络的输入节点 i 对输出节点 j 的相对作用强度。

RSE 是网络各输入单元对某一个输出单元相对影响与作用的一种度量，RSE 的绝对值越大，则相应的输入单元在决定这个输出单元的状态时所起的作用也越大；RSE 的符号则表示了相应的输入单元对输出单元的影响的方向，这个方向与输入输出单元的定义方式有关。正号表示输出单元的增值方向与输入单元相同，即输入单元上的值的增加将导致输出单元在其所定义的正的方向上也增加；而负号则表示输出单元的增值方向与输入单元相反，即输入单元上的值的增加将导致输出单元在其所定义的正的方向上减少。由此，就可以根据 RSE 值来区分不同的输入对某一输出的相对影响与作用的大小和方向，从而区分主要输入单元和次要输入单元，达到对模型的最优控制。

显然，相对作用强度 RSE 不同于导数，无论原函数的导数是否存在，式（2-23）对于训练成功的 BP 网络都存在，即 RSE 存在。

根据上面所提出的 RSE，如果我们能够建立起基于实际样本的岩体抗剪强度参数选取应用的神经网络，则可以对其复杂的影响参数的相对作用进行分析，从而找出基于现场实际的更为真实的各个参数所起的作用。

根据 2.3 节中已训练完毕的 BP 神经网络来进行输入对输出的相对作用强度分析，得到的具体结果见表 2-6。

表 2-6　输入对输出的相对作用强度

影响因素	风化程度	岩块黏聚力/MPa	岩块摩擦角/(°)	单轴抗压强度/MPa
对黏聚力作用强度	0. 00785	0. 74470	0. 18211	0. 66541
对摩擦角作用强度	0. 00198	0. 18765	0. 74589	0. 16767
影响因素	地应力/MPa	服务年限/a	节理密度/条 · 米$^{-1}$	软化系数
对黏聚力作用强度	0. 10962	0. 31885	0. 45143	0. 47818
对摩擦角作用强度	0. 02762	0. 13074	0. 11375	0. 12049
影响因素	岩性	结构面状态	岩体结构	蚀变特征
对黏聚力作用强度	-0. 09412	-0. 58552	-0. 31565	-1. 00000
对摩擦角作用强度	-0. 02372	-014754	-0. 07954	-0. 25198

依据表 2-6 中的数值绘出直观的输入对输出的相对作用强度柱状图，如图 2-6 所示。

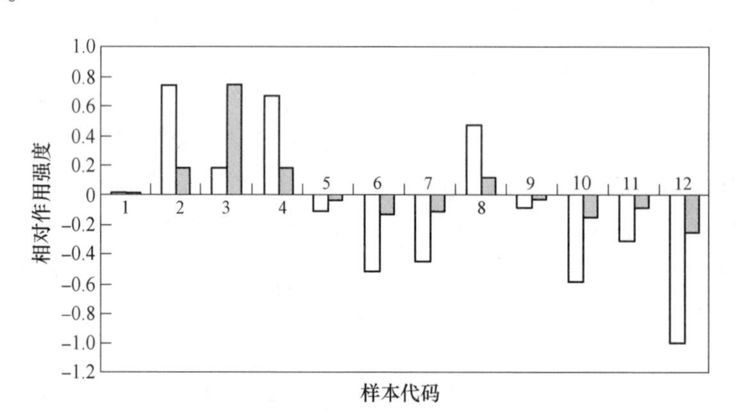

图 2-6　输入对输出的相对作用图

影响因素：□—黏聚力；▨—摩擦角

从图 2-6 中可以看出，岩块的黏聚力和摩擦角分别对岩体的黏聚力和摩擦角影响较大且成正相关，这说明在其他因素相同的情况下，若岩块抗剪强度高其岩体的抗剪强度也较高。蚀变特征对岩体的黏聚力和摩擦角的影响都较大，结构面状态和节理面密度对岩体的黏聚力影响比较大而对摩擦角影响比较小。风化程度对岩体的黏聚力和摩擦角影响都比较小，这是因为选取样本时考虑岩石和岩体的风化程度相同。

可见，借助于 RSE 分析方法，我们就可以依靠机器从大量的工程实测数据中掌握各影响参数的相对重要性及其变化情况，据此，就可以重点考察那些主要因素，并根据各相关因素的变化来调整岩体的抗剪强度。

2.4.2 神经网络模型的合理性评价

2.3 节利用训练好的神经网络预测了 11 个样本的 c_m、φ_m，并给出了相对误差分析，同时根据岩体现场的工程地质、水文地质条件利用费辛柯法、给吉法和霍克法求出 c_m、φ_m 值，结果如表 2-7 所示，并画出各种方法所得黏聚力值与真值的比较曲线，如图 2-7 所示。

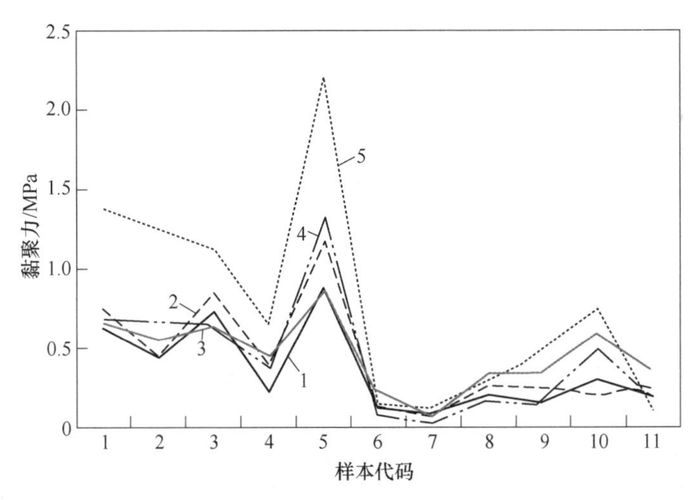

图 2-7 各种方法计算结果比较

1—预测值；2—真实值；3—费辛柯法；4—给吉法；5—霍克法

据此分析如下：

（1）对表 2-7 结果进行统计表明，费辛柯法计算黏聚力的平均相对误差为 41.8%，给吉法计算黏聚力的平均相对误差为 39.95%，霍克法计算黏聚力的相对误差为 85.18%，摩擦角的相对误差为 7.15%，而神经网络方法计算黏聚力的相对误差为 24.97%，此结果表明由于神经网络方法考虑的因素比较全面，因此结果与现场实际较为接近。而霍克法计算公式中经验常数 m、s 具有很大的人为任意性，误差较大。费辛柯法和给吉法计算黏聚力的相对误差比神经网络计算的结果要大，但它们的结果与霍克法相比，误差要小些。但由于这两种方法仅仅考虑了节理裂隙密度以及其他一些因素的影响，而未能考虑蚀变、单轴抗压强度等的影响，因此尽管费辛柯法和给吉法计算硬质岩体的抗剪强度误差相对较小，而计算蚀变岩体和软弱岩体的抗剪强度时会产生较大的误差。

表 2-7　各种方法计算结果统计表

岩石名称	岩体抗剪强度		费辛柯法		给吉法		霍克法				神经网络方法			
	黏聚力/MPa	摩擦角/(°)	黏聚力/MPa	相对误差/%	黏聚力/MPa	相对误差/%	黏聚力/MPa	相对误差/%	摩擦角/(°)	相对误差/%	黏聚力/MPa	相对误差/%	摩擦角/(°)	相对误差/%
角闪片岩	0.75	40.5	0.667	11.0	0.69	8.0	1.39	85.3	42.7	5.4	0.63	160	41.95	3.58
角闪斜长片麻岩	0.45	39.4	0.560	24.4	0.68	51.1	1.26	180	41.1	4.3	0.44	1.75	41.25	4.7
伟晶花岗岩	0.84	38.9	0.646	22.6	0.65	22.6	1.12	86.6	39.7	2.1	0.74	11.9	42.96	10.4
黑云斜长片麻岩	0.41	34.8	0.453	10.5	0.37	10.5	0.66	24.6	30.9	11.2	0.23	43.9	34.78	0.06
含铁角闪石英片岩	1.16	46.2	0.853	26.5	1.31	12.9	2.20	81.0	47.8	2.6	0.89	23.3	43.93	4.91
凝灰岩	0.14	32.2	0.232	65.7	0.081	36.4	0.13	30.0	29.6	8.07	0.12	14.2	31.88	0.99
粉砂质泥（页）岩	0.074	35.2	0.085	14.9	0.028	62.2	0.126	96.9	33.4	5.11	0.087	17.6	33.13	5.88
长石石英砂岩	0.263	38.0	0.338	28.5	0.181	31.2	0.29	67.6	33.0	13.2	0.21	20.1	40.10	5.52
断层角砾岩	0.26	29.6	0.336	29.2	0.15	42.3	0.47	80.8	23.3	21.3	0.16	38.0	32.56	10.0
绿泥角闪片岩	0.21	32.6	0.607	189	0.49	133	0.75	47.1	33.7	3.37	0.30	42.8	31.61	3.03
安山岩	0.267	35.0	0.366	37.5	0.189	29.2	0.10	40.1	34.3	2.0	0.21	21.3	32.97	5.79
相对误差均值				41.8		39.95		85.1		7.15		24.9		

（2）孙广忠在《岩体结构力学效应研究的进展》一书中指出，岩体内聚力与内摩擦角相比，岩体内聚力对安全系数的影响要小。由此可知，对边坡的稳定性而言，强度参数中内摩擦角较内聚力影响要大。这说明在确定内聚力指标中所包含的误差对边坡稳定性计算的影响较小。

神经网络预测结果中黏聚力的误差相对较大，而摩擦角的相对误差较小，依据上述观点，此结果对边坡稳定性计算影响较小，能满足精度要求。这说明该神经网络预测结果较可靠。

（3）从神经网络预测大业金矿采场工程岩体抗剪强度的应用实例中可以看出，神经网络预测结果与现场原位试验较为接近，而神经网络是基于实例的一种预测算法，与原位试验相比经济且简单易行。

综上所述，用于预测工程岩体抗剪强度的神经网络模型，在预测结果的准确性，经济适用性上性能良好，从而说明该网络结构合理，预测结果较可靠。

第 3 章　岩体破坏分析的熵突变准则及应用

3.1　耗散结构理论

比利时物理化学家 L. Prigogine 于 20 世纪 70 年代创立了耗散结构理论，用以研究系统在远离平衡的条件下，由于其内部的非线性相互作用，而发生从无序热力学分支向耗散结构分支转化，并形成一种稳定的有序结构的现象[49]。L. Prigogine 指出，当开放系统与环境之间发生持续的能量和质量交换时，系统将有可能从近平衡态被推移远离平衡态，并且由于不可逆过程所导致的系统能量的耗散，可以使之发生“自组织”，并产生时间和空间上有序的“耗散结构”。

3.1.1　耗散结构形成的一般条件

耗散结构定义为：在远离平衡的条件下，借助于外界的能流和物质流而维持的一种空间或时间的有序结构。有序结构都是从大量微观粒子杂乱无章的无序运动中产生的，是它们在一定的外界条件下自发地形成的有组织行为，所以有时把耗散结构也称为自组织。该理论强调当一个体系接近平衡时原有的结构就会趋于消亡，只有当体系远离平衡时才能产生新的有序结构。有序结构的产生不但需要外界条件的维持，也需要内部条件的存在。外界条件是必要条件，内部条件是充分条件。自组织形成的自发性就是强调的内部条件。也正是这种无序到有序的自发性才代表了由低级到高级的进化演化方向。Prigogine 分析了耗散体系的特点，提出了一个耗散结构的形成和维持至少需要的 3 个条件：

（1）远离平衡的开放系统。系统必须是开放系统，孤立系统和封闭系统都不可能形成耗散结构。耗散结构的产生只要求非平衡开放系统是很不够的，同时要求系统必须处于远离平衡的非线性区，因为根据最小熵产生原理，在非平衡线性区的系统只能朝着无序的退化方向演化，耗散结构的出现只有在外界驱动系统达到非平衡非线性区才有可能。在平衡态或近平衡态，大量的试验和理论研究都证明其不可能发生质的突变从无序走向有序，也不可能从一种有序走向新的更高级的有序，即非平衡是有序之源。

（2）不稳定性阈值条件。定态虽然是一个与时间无关的状态，但它并不一定是稳定的状态。根据经典热力学稳定性理论和最小熵产生原理，平衡态和线性区的非平衡定态都是稳定的，即使存在干扰，它们也能消除干扰恢复原态。平衡态和非平衡态线性区的定态统一称为热力学分支。耗散结构分支是一个新的稳定的有序分支。不稳定性的出现是产生耗散结构不可缺少的条件。

(3) 非线性。线性和非线性是系统本身固有的属性，对于线性系统只存在两种演变前途，不是衰亡就是无限增长。线性系统的定态和非平衡态约束是一一对应的。非线性系统演化就不像线性系统那样单调，而具有多样性。这种非线性相互作用能够使系统内的各要素之间产生协调动作和相互适应，从而使系统从杂乱无章变为井然有序。在近平衡区，由于非线性项与线性项相比只是小量而不发挥作用，这时只存在热力学分支单解。当非平衡约束把系统驱动到远离平衡态时，非线性项就发挥了主导作用，一个非平衡约束就对应多重定态解，有的定态解是稳定的，有的是不稳定的。在不稳定分支附近的扰动随时间增长，最后演变到某一稳定的分支上。究竟选择哪一支稳定分支是由涨落来决定的。多样性是系统内部非线性相互作用的结果。非线性相互作用通常表现为正反馈和负反馈，正反馈使系统不稳定但促进系统的发展，负反馈制约于正反馈使系统趋于稳定。系统演化的多样性正是正反馈和负反馈相互制约相互竞争的结果。

在非线性系统中，当平衡态约束驱使系统远离平衡态进入非线性区时，热力学分支由稳定变为不稳定，系统会演化到一个稳定的耗散结构分支上。当存在两个稳定的耗散结构分支时，系统究竟会选择哪一分支又如何进入这一分支是由涨落来完成的，即涨落导致有序。因此一个耗散结构的形成不仅与系统的结构和功能有关，而且与系统的随机涨落也有密切联系。

由于地质学的研究对象是一个开放的、非平衡的、非线性的、不可逆过程的复杂系统，因此，现代地质学家根据地质科学研究对象的特点，将复杂的地质系统归结为耗散结构，从而可以运用热（动）力学的原理和方法对地质过程进行分析，将地质学的科学性提升到一个更高层次。耗散结构理论正是研究非线性性质、非平衡体系的科学，在地学中具有广阔的应用前景。

3.1.2 岩体失稳过程中耗散结构机制的形成

岩土体与外界存在着物质、能量与信息的广泛交流，因此，岩土体系统是一个既非孤立的亦非封闭的系统，岩土体系统是一个开放的系统。岩土体不仅是一个开放的系统，还是一个复杂的开放系统，之所以复杂是因为岩土体就其本身的构成而言，它通常是一个复杂的三相体系，在漫长的地质历史时期中经历了各种地质应力，特别是构造地质和变质作用，使岩土体的固相物质本身十分复杂。除了成分不同之外，在岩土体内还由于构造作用的结果产生了复杂的不连续面，有原生的和次生的诸如层面、层理、面理、线理，还有断层、节理、裂隙等，有时还能构成空间的网络体系，使得岩土体出现不均匀、非均质、不连续、非线性等一系列复杂的系统特性。自然界的岩土体从宏观看是一类有序的结构，如构成岩土体的地形、地貌、岩性、地应力、地下水条件等，不仅是自然界动态过程的产物，同时其本身也还是一种过程。从较长的时间段来看，岩土体在不同的时刻有不同的表现，从空间来看也表现为空间的变化。因此，以地质时代作为时间尺度来观察岩土体，显然，任何一个岩土体都是一种空间有序、时间有序和功能有序的非平衡结构[53]。岩体力学一个十分重要的任务是研究评价岩体的变形性与稳定性，岩体的破坏往往造成灾难性的地质或环境工程地质灾害，而地质灾害的发生往往是孕育于岩土体的变形之中。因此，评价岩土体的稳定性往往从岩土体的变形入手，由于岩土体的复杂性，其变形必然是一个十分复杂的过程，如岩体的变形在较小的应力作用下往往体现为弹性变形，当应力超过岩土体材料的弹性极限时岩土体出现了塑性变形，当应力达到峰值极限时，岩土体出现破坏并发生变形。而在较小应力的长期作用下岩土体会产生缓慢的蠕动变形。当岩土体的变形处于弹性变形范畴之内，一旦卸荷岩土体的变形可能恢复，这种微小的变形是一个可逆的过程，对岩土体的稳定性一般不会产生显著的影响。在自然界中，岩土体的变形一旦被人们发现，则这种变形往往是塑性变形，塑性变形通常是不可逆的变形。尽管岩土体在不断变形的过程中，有时可能会体现出某些暂时的可恢复的变形，但就其总体趋势来看，岩土体的变形是一种不可逆的变形。在自然界中处于变形的岩体其变形过程当然是一种不可逆的过程，如处于显著变形阶段的岩体。对一些将要产生滑坡的边坡观测研究表明，其位移量的变化虽时快时慢，但其位移变形的总体趋势是愈演愈烈，不可能出现逆向变形。此外，变形岩体总是处于非平衡状态，向临空一侧产生形变是自然界岩体演化的必然状态与趋势，这就导致变形岩体的非平衡态特征。从熵的演化特征来看，传统的热力学研究封闭系统处于平衡状态，系统内部演化的结果其系统熵总是增加的，因此导致系统向无序的熵产生最大的平衡态发展。但对于开放系统的岩体，由于其具备与外界的物质、能量、信息的交换，而从外界引入负熵，这种负熵与系统内部熵增抗衡，从而使系统从非平衡态走向有序的状态。

上述讨论表明岩体是一个复杂的开放系统，处于非平衡状态，其内部的作用是非线性的，因此变形岩土体可以形成有序的耗散结构。变形岩体的耗散结构，要向着稳定的状态演化、变形直至破坏是非平衡态岩体寻找其稳定化结构的最佳途径。

工程岩体经人工逐步地多次开挖，岩体本身所具有的平衡结构受到严重的干扰，为了维持或恢复原有自身的平衡，在开挖强度不是太大的情况下，岩体将通过应力和变形等方式自动地对其本身结构进行一系列调整，最后达到新的平衡，如开挖过程中出现的自然塌落拱便是岩体自我调整的结果，但是，当人工开挖强度过大，对岩体的干扰破坏作用超过了岩体自我调节的限度时，再加上其他外界因素（如地下水、地震等）的影响，岩体将随着时间的推移由原来的稳定状态走向失稳。在此演化过程中，一般要经历三个阶段，即平衡态→近平衡态→远离平衡态。这三个阶段的状态描述了开挖过程中岩体变形破坏从无序向有序的演化过程[5]。

以斜坡失稳为例，说明岩体失稳过程中耗散结构的形成机制。将斜坡岩体滑动面系统看作由一个强度较高的锁固体和其两端的蠕滑体组成，前者为应力积累单元，后者为应力调整单元。调整单元的蠕滑性质使得系统外的能量通过调整单元传递给积累单元达到一定程度后，通过调整单元又对外界制约、反馈，所以组合模式是一个开放系统的模式。

在积累单元还没有积累较大应力时，整个系统的应力分布是杂乱（无序）的。虽然应力分布有小涨落存在，但基本处于均匀无序状态。系统内部各部分的介质性质差异较大，一旦某一部分的应力超过其最大承载应力，则这个部分就会错动。这种错动是独立的，相邻部分之间的关联程度较小。这时尽管斜坡会发生局部蠕滑，但其整体是稳定的（平衡态、近平衡态不会产生耗散结构）。

一旦积累单元的应力积累达到一定程度，在积累单元的两端就会造成应力集中，这种应力集中打破了滑动面系统内应力分布的无序性。随着应力积累的增大，调整单元内各部分的运动不再是相互无关的，而是逐渐出现步调一致的状况，即远离平衡向有序态的演进，并导致积累单元应力的进一步积累形成积累和调整之间的正反馈作用（由前分析，这种作用必然是非线性的）。随着应力的进一步积累，这种关联程度进一步增强，当达到临界值并在外部涨落作用下，突变发生，稳定有序的结构—耗散结构形成。

正反馈机制的存在，才能使随机的涨落被放大导致旧的结构不稳定而产生新的有序，这就是耗散结构论曾明确提出的“通过涨落达到有序”。

从上可以看出，岩体开挖过程中发生的物理、力学效应，一般都具有非线性和不可逆性质。应力重分布达到一定程度后，不可逆过程就会产生各种形式的能量耗散，如岩体的塑性变形损耗的塑性能、黏性流动变形损耗的黏性能量、岩石单元受拉断裂破坏损耗能等，以及岩体中节理面相对滑移和原生裂隙尖端产生次生裂纹并发生扩展所损耗或吸收的能量等，能量耗散的结果必然导致岩体远离平衡态，引起围岩体失稳[56]。

岩体工程在失稳演化过程中，总是伴随着一定能量的转换和熵变[22]。熵是热力学中表示分子系统无序和混乱程度的一种物理量，由于岩体工程的演化过程也是一个从无序走向有序的过程，必然产生一系列熵变，因而可以将熵的概念及有关原理应用于岩体工程中。

3.2 岩体系统的结构信息熵

3.2.1 物理熵与信息熵的联系

熵可以用来表述不可逆过程的单向性，而单向性正是能量在传输和转化过程中被贬值，沿逆方向使被贬值的能量再变为有利用价值的能量的不可能性所引起，所以熵与耗散密切相关。因此可以用熵来揭示耗散系统的有关性质。

只有在热力学领域，熵 S 才有极为精确的定义即热力学含义，即

$$dS = dS_f + dS_p = \frac{dQ_{rev}}{T} + \frac{dQ_{irr}}{T} \tag{3-1}$$

式中，第一项为熵流，第二项为熵产，dQ_{rev} 是可逆过程中热源传给物质的微元热量，dQ_{irr} 是实际热力过程要引起或产生的微元耗散能，T 是物质或热源的瞬时或绝对温度。热力学第二定律的核心是熵参数，它揭示了一切实际热力过程必然伴随有熵产 S_p 产生，这从本质上说明了实际过程的方向性和不可逆性。熵交换不但与发生在系统边界处的能量交换有关而且也包含物质交换的贡献。熵产生包含了系统内各种不可逆过程所产生的熵。不可逆过程是由能量和物质分布不均匀所引起，这些不均匀必然导致一些沿单向进行的耗散流，耗散流的方向就是减小不均匀的方向。

在热力学中，熵可以用来表示大量分子各种运动方式的可能性是多少。熵这一概念的引入使对不可逆过程的单向性有了定量的描述，不可逆过程总是沿着从非均匀态向均匀态使熵增加的单一方向进行的。系统宏观状态的均匀程度在微观上反映了分子运动的杂乱程度，即反映了分子运动方式的可能性多少。系统的宏观状态越均匀，它的微观分子热运动越混乱，这种热运动的混乱程度代表着系统状态的无序程度。由此可见系统的非均匀宏观态的无序程度较低，对应的熵值也较低，而均匀宏观态的无序程度最大，对应的熵值也最大。所以系统的熵值和系统状态的无序度存在着一一对应关系，这种关系首先由 Boltzmann 建立，称为玻尔兹曼原理，其表述形式为：

$$S = k\ln W \tag{3-2}$$

式中，S 为熵，即描述系统过程的热力学状态量；k 称为玻尔兹曼常数；W 为系统宏观状态的热力学几率，亦表示系统的混乱度[11]。

玻尔兹曼原理揭示了熵的本质，使熵的概念具有更加突出的地位，而被众多的学科所引用。当人们面对一个复杂系统时，经常关心它是向有序方向发展还是向无序方向发展。因此，若能定义出系统的混乱度 W，进而给出熵 S 的表达式，就可以揭示出系统的演化发展方向。

式（3-2）定义的熵称为物理熵（即热力学熵），通常应用于统计物理学中。当将熵的概念应用于其他学科领域时，常常利用信息理论中的统计熵，称

为信息熵。

信息熵是信源每发一个符号的不确定性的量度。不确定性越大越无序，所以信息熵也是无序的一种量度，这一点和热力学熵在本质上是一致的。一个孤立系统的非平衡态是一个低熵态，平衡态是一个高熵态，由非平衡态演化到平衡是一个熵产生的过程，也是一个由有序到无序的过程。在一个通信系统中，在收到消息之前是一个高熵态，在收到消息后是一个低熵态，获得信息的过程就是熵消除的过程，也是一个从无序到有序的过程。所获得的信息在数量上等于熵的减少量，所以说获得信息就等于获得负熵。负熵导致系统向有序方向发展，在这点上信息熵和热力学熵也是一致的。

近些年来，人们把信息熵与各种物理与非物理系统状态的复杂性相联系，并研究其随时间的变化。物理熵和信息熵虽是不同学科领域的统计熵，却有相同的主要特性[60]：

（1）除了乘法因子 k 的量纲不同外，两者的数学表达式相同，都由系统的概率分布函数的泛函表示。虽然物理熵的物理意义表示无序度，信息熵表示不确定性，但实质上两者都表示随机性，都表示系统的无序度。

（2）两者都遵守数学形式和物理意义类似的熵演化方程，而且推导出熵演化方程的基础和方式是类似的。

（3）两者都满足熵增加原理、平衡态最大熵原理及 Jaynes 最大熵原理。

至于两者的差异，首先是信息熵摆脱了物理熵的力学背景，可应用于物理学以外的包括经济学和社会科学等各个学科，由此足见信息熵应用学科领域的广泛。鉴于信息熵易于计算，常常利用信息熵来表示系统的无序度。

既然系统的熵值和系统状态的无序度存在着一一对应关系，因此根据玻尔兹曼原理，若能正确给出熵 S 的表达式，就可以揭示出岩体从无序向有序直至失稳的演化过程。

下面利用信息熵来表示岩体的无序度。

3.2.2 围岩系统的信息熵

设在拓扑形式、边界条件和作用荷载给定的 n 个单元的岩体工程系统中，其第 i 个单元具有的应变能为 q_i（$i=1, 2, \cdots, n$），则岩体系统的总应变能为：

$$Q = \sum_{i}^{n} q_i \tag{3-3}$$

令：

$$\lambda_i = \frac{q_i}{Q} \quad (i = 1, 2, \cdots, n) \tag{3-4}$$

从而有：

$$\sum_{i}^{n} \lambda_i = 1, \ \lambda_i \geqslant 0 \quad (i = 1, 2, \cdots, n)$$

显然，新引入的物理量 $\lambda_i \geq 0(i=1,2,\cdots,n)$ 如同概率密度函数，具有完备性和非负性，其力学含义表示第 i 个单元的应变能在总应变能中所占的份额，即 $\lambda_i(i=1,2,\cdots,n)$ 描述了岩石系统中应变能的分布状况，为了综合反映不同结构应变能的分布状况，定义岩石系统的信息熵函数 S 为：

$$S = -k\sum_{i}^{n}\lambda_i \ln\lambda_i \tag{3-5}$$

由上式定义的结构信息熵 S 可反映出不同的岩体结构系统总应变能不确定性的分布。

由于岩体的开挖，扰动和破坏了开挖面附近岩体的原始应力场，引起围岩体的渐近破坏，使围岩系统向非稳定态发展，即向系统有序度增大的方向发展，此时必然伴随着有熵值的降低，降低到一定的程度将导致岩石系统的破坏。

结构的信息熵 S 为具有单个峰值的上凸函数[61]，且仅当诸单元的应变能密度彼此相等时：即 $\lambda_i=\dfrac{1}{n}$（$i=1,2,\cdots,n$）呈离散型均匀分布时，结构的熵 S 达到最大值。由此易见，当开挖前的原岩系统处于均匀的初始应力场，只要划分单元形状近于合理，岩石系统的熵 S 达最大，此时，围岩系统的无序度最大，对应的状态也最为稳定；随着开挖的进行，近开挖处应力得到释放，应变增大，从而导致应变能产生较大变化，使整个围岩系统各单元应变能产生较大差异，使原有无序性遭到破坏，有序度增大，导致熵减少，如果熵减小到一定值时，将导致围岩系统的失稳破坏。

3.3　突变理论概述和尖点突变的基本理论

突变现象在自然界中普遍存在，例如，在地质方面，有地震、泥石流等地质灾害的突然发生，在生态方面，有生物界中某种生物突然灭绝等。这些突变现象都表现为在短时间内系统状态的变化十分急剧，正是这些不连续变化对人类的生存带来威胁，这也是突变研究受到人们普遍关注的原因之一。突变现象表现出的一个共同特点是，外界条件的微变导致系统宏观状态的剧变，这只有在非线性系统中才可能出现。在线性系统，外界条件的连续变化只能导致系统状态成比例地连续变化，而在非线性系统中，外界条件的连续变化可以导致系统状态下不连续的剧变。

突变理论就是研究系统的状态随外界控制参数连续改变而发生不连续变化的数学理论，是研究不连续现象的一门崭新的数学分支。它是由法国数学家 Thom 于 20 世纪 70 年代初提出的。目前，突变理论模型正广泛应用于物理学、工程技术、生理学、医学等方面，突变理论作为数学的背后领域，其基本理论和具体应用都有进一步发展的广阔天地。

3.3.1 突变理论的数学基础

突变理论的研究，目前大致分为3方面。作为数学的一部分，首先研究它的数学基础，它是在微分方程的定性理论、分歧理论、奇点理论和微分拓扑学的基础上创立和发展起来的。它是由法国数学家Thom创立的，Thom以拓扑学、奇点理论为工具，通过对稳定性结构的研究，阐明了自然界与社会现象中，有的事物不变，有的渐变，还有些则是突变，从而为突变现象建立了一系列新的数学模型，以解释客观世界所发生的大量的、不连续的突变过程。其后英国的大数学家E. C. Zeeman又作出了重要的贡献。第二方面的研究是给出突变过程的势函数形式后，探讨其相应的模型，尤其是控制空间中突变集的几何形状，这部分即所谓突变理论的几何研究。对于Thom提出的7种基本突变模型，其几何形状研究比较简单，但是当控制变量和状态变量组成高维数的情况时，就只有借助于电子计算机进行计算分析，这是近来突变理论中发展很快的新领域之一。第三方面就是突变理论的应用。突变理论实质上是一种旨在应用的理论，虽其为创立仅20年的数学分支之一，却已取得了许多应用的成果。在数学、力学和物理学中，通过突变理论不仅能够加深对已有定律的认识和理解，而且又获得了一些新的结果。

突变理论的数学基础相当宽厚，它涉及现代数学中的群论、流形、映射的奇点理论，特别是拓扑学方法。由于本书主要是论述其在岩体稳定中的应用，故下面仅将突变理论的数学基础的某些基本情况，作简单的阐述。

3.3.1.1 结构稳定性

这里所指的结构稳定性不仅局限于初等力学中涉及的那种对一个平衡位置的摄动，而且是指外界对某系统施加一个作用或扰动时，该系统的状态不发生定性变化。亦即外界的扰动虽使系统偏离原来的状态，如果系统本身能够消除偏离而最终回复到原来的状态，则该系统即为稳定的，这种性质即为结构稳定性。

3.3.1.2 奇点理论

英国数学家P. T. Saunder曾明确指出“作为数学的一部分，突变理论是关于奇点的理论”[72]。所谓奇点是相对正则点而言的，一般说来，正则点是大量的，而奇点则是个别的。正由于奇点奇特个别，它才在数学中占有较突出的地位。突变理论主要研究某一系统或过程，由一种稳定性态到另一稳定性态的跃进。

由于某一系统的状态可由一组参数所刻画，当系统处于稳定态时，则标志该系统状态的某个函数取唯一的极值。反之，当参数于某个范围内变动，该函数具有两个以上的极值，则该系统此时必处于不稳定状态。故从数学的角度考察一个系统是否处于稳定，就要求出某函数的极值。首先需求该函数的导数为零的点，此即最简单的奇点，或称临界点。设以 u、v 为参数的函数 $F_{uv}(x)$，求该函数的临界点就是求其微分方程的解，当 u、v 为给定值时，即为

$$\frac{\mathrm{d}F_{uv}(x)}{\mathrm{d}x}=0 \tag{3-6}$$

由此可以求得一个或几个临界点 x，因此，临界点 x 可视为参数 u、v 的单值或多值函数，记为 $x=I(u, v)$，其几何形状可以表示为三维欧氏空间（u, v, x）中的一个曲面，即临界点的集合，称为临界曲面，突变理论中称为状态曲面。其中使函数取唯一极值的点为稳定点，使系统处于稳定状态。而临界点并非都是稳定点，故临界点可能使系统稳定或不稳定。

若系统的状态可用 m 个参数，n 个变量 x_1，x_2，…，x_n 的函数 $F_{u_1,u_2,\cdots,u_m}(x_1, x_2, \cdots, x_n)$ 所描述，则问题就变得很复杂。此时要求多元函数的极值，不能只解一个方程 $F'_{uv}(x)=0$，而需解一个偏微分方程组，即临界点要满足偏微分方程组，简写为式（3-7）和式（3-8）：

$$\left.\begin{aligned}&\frac{\partial}{\partial x_i}F_{u_1,u_2,\cdots,u_m}(x_1, x_2, \cdots, x_n)=0\\&\nabla_x F=0\end{aligned}\right\} \tag{3-7}$$

$$\Delta\equiv\det\{\boldsymbol{H}(F)\} \tag{3-8}$$

式中，$\nabla=\frac{\partial}{\partial x_i}$；det 表示行列式；$\boldsymbol{H}(F)$ 为 F 的 Hessen 矩阵。

在研究势函数的临界点及其性质时，可根据式（3-7）与式（3-8）进行判定和分析。

当 $\nabla_x F\neq 0$ 时，势函数处于非平衡状态，没有临界点；

当 $\nabla_x F=0$，而 $\det\{\boldsymbol{H}(F)\}\neq 0$ 时势函数处于平衡状态，有临界点，通常称为孤立的临界点、非生成临界点或 Morse 临界点，属稳定的临界点；

当 $\nabla_x F=0$，而 $\det\{\boldsymbol{H}(F)\}=0$ 时，势函数所有的临界点称为非孤立的临界点。生成临界点或非 Morse 临界点，属奇点。

对于 m 个状态参数，n 个变量的多元函数描述的系统，其临界点对所构成的临界曲面为 $n+m$ 维空间中的高维曲面，该曲面难以仅凭直观想象，故无法绘出其图形。Thom 基于高维曲面的拓扑性质，非常精辟地求得了它们的标准式，即著名的汤姆分类定理。

3.3.1.3　平衡曲面与分歧点集

突变理论将可能出现突变的量称为状态变量或内部变量，而将引起突变的原因，连续变化的因素称为控制变量或外部变量。控制变量的连续变化可以导致势函数在临界点附近的突变，而在其他地方，势函数则为光滑而无突变。

设我们所研究的系统于任何时刻都完全可由 n 个状态变量（x_1，x_2，…，

x_n）的值所确定，而其所处的状态是受 m 个独立的控制变量（u_1，u_2，…，u_m）的控制，亦即这些控制变量决定了 x_i 的值但并不完全唯一。

系统的动力学通常可由一个光滑的势函数导出，设给定势函数 V，则由

$$\nabla_x V = 0 \tag{3-9}$$

定义其平衡曲面 M，即曲面 M 为由 V 的全部临界点构成，经数学证明 M 为一流形，也就是一个形态很好的光滑曲面。定义奇点集 S 是由势函数 V 的全部退化临界点，亦即所有满足 $\nabla_x V=0$ 和 $\det\{\boldsymbol{H}(V)\}=0$ 的点组成的 M 的一个子集。S 在控制空间 C 中的投影称为分歧点集，一般可基于 S 的定义方程消去全部状态变量求得。分歧点集是 C 中所有使势函数 V 的形式发生变化的点组成的集合。

3.3.2 突变判据

突变理论的重大贡献不仅在于从根本揭示、回答并解决了连续动力系统存在不连续的变化这一困扰数学家、物理学家上百年的数学难题，还提出了如何控制连续动力系统出现不连续变化的系统理论。

考察一维连续动力系统：

$$\frac{\mathrm{d}x}{\mathrm{d}t} = f(x, \beta_i) \tag{3-10}$$

式中，f 为光滑的实数函数，表示广义力；β_i 为参数族；i 表示参数的数目。由于 f 为光滑的连续函数，我们可以将广义力表示为广义位势的梯度：

$$f = -\frac{\partial V}{\partial x} \tag{3-11}$$

式中，V 为广义位势（势函数）：

$$V = -\int f\mathrm{d}x \tag{3-12}$$

我们知道动力系统式（3-10）的定态方程为 $f=0$。比较式（3-11）可知，系统的定态对应于位势的极值位置

$$\frac{\partial V}{\partial x} = 0$$

即位势的极小位置对应于稳定的定态，而极大位置对应于不稳定的定态。

这比用在定态附近做扰动的方法来研究定态的稳定性更为直观和方便。此外，从系统的能量出发来研究稳定性，也反映了系统的全局结构。

我们知道，从势能的极大到极小或从极小到极大，必有一临界点，即拐点

$$\frac{\partial^2 V}{\partial x^2} = 0 \tag{3-13}$$

在分岔理论里，定态的稳定性是由特征值来判断的，如：

$$\omega = \frac{\partial f}{\partial x} = \begin{cases} > 0 \\ = 0 \\ < 0 \end{cases}$$

特征值为零对应于分岔点。分岔点意味着从一个平衡态变到另一个平衡态，所以从突变理论出发，分岔点就是突变点。事实上

$$-\frac{\partial f}{\partial x} = \frac{\partial^2 V}{\partial x^2} \tag{3-14}$$

可见，分岔理论和初等突变理论对突变点的判断是一致的。所以，突变点（集）的（约束）条件为

$$\frac{\partial V}{\partial x} = 0 \tag{3-15}$$

$$\frac{\partial^2 V}{\partial x^2} = 0 \tag{3-16}$$

式（3-15）和式（3-16）要同时满足。

根据突变点集的参数约束条件的几何形状，初等突变一般可分为折叠突变、尖点突变、燕尾突变、椭圆形脐点突变、双曲型脐点突变、抛物线脐点突变和蝴蝶突变。本书采用目前应用较广的尖点突变模型。

3.3.3 尖点突变的基本理论

设势函数：

$$V(x) = x^4 + ux^2 + vx \tag{3-17}$$

状态空间（x，u，v）是三维的。定态曲面 M 由方程（3-18）给出。非孤立奇点集 S 既满足方程（3-18），又要满足方程（3-19）：

$$\frac{\partial V}{\partial x} = 4x_0^3 + 2ux_0 + v = 0 \tag{3-18}$$

$$\frac{\partial^2 V}{\partial x^2} = 12x_0^2 + 2u = 0 \tag{3-19}$$

因为它是 M 的一个子集。由方程式（3-18）和式（3-19）消去 x_0，得到分支点集 B 满足的方程：

$$8u^3 + 27v^2 = 0 \tag{3-20}$$

方程（3-20）是一个三次代数方程，它或者有一个实根，或者有三个实根。实根数目的判别式为：

$$\Delta = 8u^3 + 27v^2 \tag{3-21}$$

当 $\Delta<0$ 时，有三个互异的实根；当 $\Delta>0$ 时，只有一个实根；当 $\Delta=0$ 时，如果 $u\neq0$，$v\neq0$，在三个实根中有两个相同，如果 $u=v=0$，则三个实根均相同。

Thom 已经证明，对于任意四次的势函数，不管控制参数是几个，其稳定性

性质和突变性质都等价于两个参数的系统，如式（3-17）。

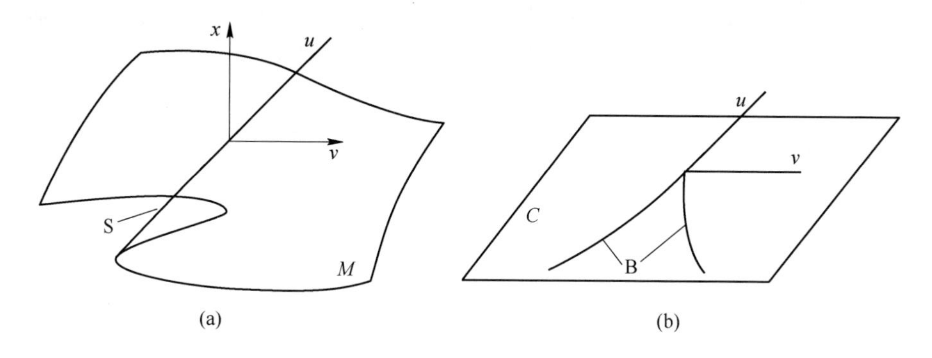

图 3-1 状态空间中的定态曲面 M（a）以及参数空间 C 中的分支点集 B（b）和非孤立奇点集 S

图 3-1 中的定态曲面 M 包含了方程（3-18）的所有定态解。在重叠的部分，参数空间的一个点（u，v）对应 3 个互异定态解，这也就是把它们称为孤立的原因，这也是定态解的多重性，在重叠的边缘两个定态解合二为一，它们的全体称为非孤立奇点集 S，如图 3-1(a) 所示。把 S 投影到参数平面 C 上得到分支点集 B，如图 3-1(b) 所示，它就是由 $\Delta=0$ 确定的由两个半立方抛物线组成的尖点曲线。它把参数平面剖分成两个区域，在每个区域奇点的数目及其稳定性相同。在尖点内，有两个吸引子和一个排斥子，在尖点外，只有一个吸引子。如果用势函数表示奇点的数目及其性质，就如图 3-2 所示。在尖点内，势函数右极小值点代表定态曲面 M 上页中的一个点，其左极小值点代表定态曲面 M 下页中的一个点，其极大值点与 M 的中页对应。显然，定态曲面的上页和下页是渐近稳定的，而

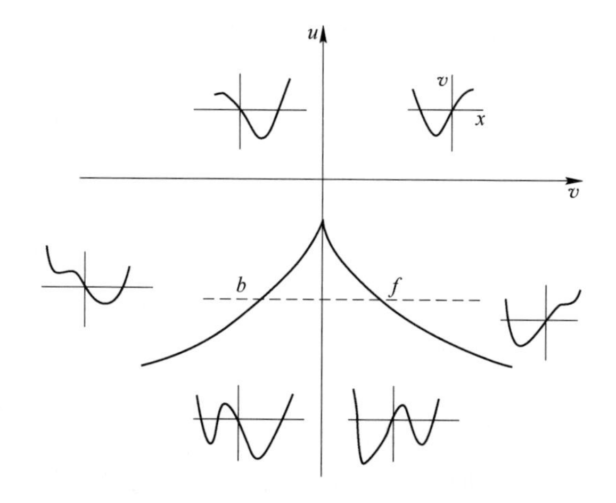

图 3-2 对于不同的 u、v 值的 $V(x)$

中页是不稳定的。顺便指出，小球从势曲线的一个极小值转移到另一个极小值，也可以不通过突跳的方式而能连续光滑地实现。只要使控制曲线 u、v 不沿着穿过尖点区而是绕过尖点区的路径变化，系统就会从定态曲面 M 的上页绕过折叠部分而连续地变化到下页。

习惯上，把突变严格发生在分点集上的突跳方式称为拖延规则，而把图 3-3 所示的突跳方式称为 Maxwell 规则。当涨落很小时，拖延规则是一个很好的近似。然而，当涨落很大时，小球总是寻找势曲线的全局最小值“居住”，这时就要遵从 Maxwell 规则。

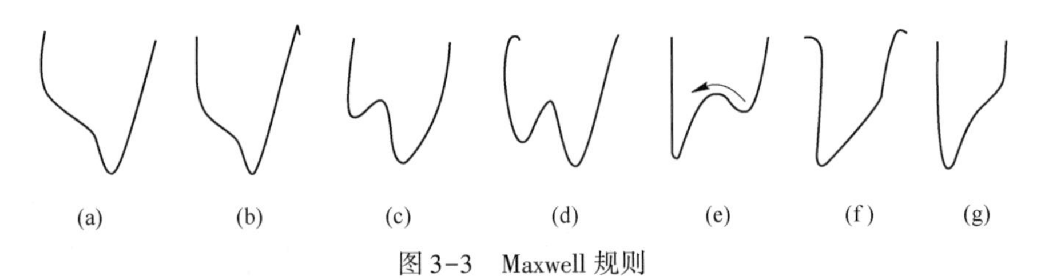

图 3-3　Maxwell 规则

尖点突变是最常用的一种突变类型，它对其他几种突变类型的特性也具有代表性。Zeeman 对其特性概括为如下 5 种：

（1）多模态性。参数空间的一个点可以对应系统多重定态解，其中有的是渐稳定的（吸引子），有的是不稳定的（排斥子）。只在多重定态解存在，系统才可能在渐近稳定的定态解之间跃迁，这样才会有突变出现。而多重定态解存在真正根源是系统的非线性，所以突变只在非线性系统中才会发生。

（2）不可达性。在多重定态解中，必有不稳定的定态解存在，实际的系统不可能达到不稳定的定态解，这也是突变的原因之一，否则，在任何情况下系统的状态都可以连续变化。

（3）突跳性。如果系统具有上述两个性质，就会有突变发生，即控制参数的连续变化可以导致系统从势函数的一个极小值突跳到另一个极小值。发生突跳的位置与涨落的大小有关。如果涨落很小，近似遵从拖延规则，突跳发生在分支点集的邻域；如果涨落很大，遵从 Maxwell 规则，系统会寻求势函数的全局最小值。

（4）发散性。在图 3-2 中，当控制参数 $v=v_f$ 时，如果 v 有一个减少的微变，系统会仍然保留在定态曲线的上支上，但若 v 有一个增加的微变，系统就会跃迁到定态曲线的下支上，习惯上把这种性质称为突变的发散性。

（5）滞后性。如果控制参数变化沿着图 3-1 所示的路径自左向右穿过尖点区时，系统的状态会从定态曲面 M 的上页跃迁到下页，但当控制参数沿原路径返回时，系统的状态并不沿原路径返回，这称为突变的滞后性。没有突变发生就不会出现这种滞后。

3.4 岩体失稳的熵突变准则

3.4.1 岩体失稳的熵突变判据

一般认为岩体破坏是一种与它的某种利用性质改变或消失对应的力学状态，而岩体工程破坏是一种与它的某种使用功能改变或消失对应的工程状态，工程系统的失稳的直接原因是岩石材料的破坏，但岩体材料破坏不等于工程系统就一定会失稳破坏。因此应该建立岩体工程系统的破坏判据。以前在进行岩体破坏分析时，常用超载或强度储备的方式使岩体进入极限平衡状态，此时需要有标志岩体进入极限平衡状态的判据（以往称失稳判据）。然而，目前对于三维问题，还没有统一的、具有理论基础的判据。对地下洞室的围岩，怎样才算是整体失稳或整体破坏，至今还没有一个统一的认识。应用熵理论研究岩体失稳过程时同样需要标志岩体失稳的判据[152,154]。因此，很有必要引进新的理论来研究岩体的失稳判据问题[18]。

耗散结构的出现是系统在其演化过程中当某些参数达到临界值时，系统状态发生突变，从均匀的平衡态演化而致。突变的时间过程非常短，其动力学过程目前还无法观测研究清楚，通常并不讨论发生突变的弛豫过程，仅研究发生突变前后系统不同稳定状态的形式及特点，特别注重研究系统状态发生突变时外界的控制条件。突变理论正是为了解决上述问题而提出的，其主要用来阐述系统中某些变量如何从连续逐渐变化导致系统状态的突然变化。突变理论最显著的优点就是即使在不知道系统有哪些微分方程，更不用说如何解这些微分方程的条件下，仅在少数几个假设的基础上，用少数几个重要参量，便可以预测系统的诸多定性或定量状态[69]。

岩体系统从稳定的平衡状态到失稳前的临界状态，整个过程可以看作是一个准静态过程。把整个工程影响区看成是一个系统，以由岩体单元（有限元计算时划分的网格单元）和系统的应变能确定的熵为状态变量来考察所研究区域的稳定性。

在进行有限元模拟计算时，设第 i 个单元的高斯点在第 k 次加（卸）载后的应变能为：

$$q_i(k)=\int_{v_i}\sigma_{ij}\varepsilon_{ij}\mathrm{d}v_i \tag{3-22}$$

式中，σ_{ij}、ε_{ij} 为单元的应力和应变，v_i 为 i 单元体积，将所有岩石单元的应变能 $q_i(k)$ 叠加，由式（3-23）~式（3-25）可求出岩体系统的信息熵 S。

由于岩体系统的熵值 S 随开挖过程中的加载或卸载步骤的推进而变化，此时所研究的系统的熵值可用某一连续的函数 $S=f(t)$ 来表示这种变化，t 为加载时标，将函数进行泰勒级数展开，取至 4 次项，则：

$$S = \sum_{i=1}^{4} a_i t^i \tag{3-23}$$

式中，$a_i = \sum_{i=1}^{4} \frac{\partial^i f}{\partial t^i}$。

令 $t \to x - \frac{a_3}{4a_4}$，则可将式（3-23）化成尖点突变的标准势函数形式：

$$V(x) = x^4 + ux^2 + vx$$

式中

$$\begin{cases} u = \dfrac{a_2}{a_4} - \dfrac{3a_3^2}{8a_4^2} \\ v = \dfrac{a_1}{a_4} - \dfrac{a_2 a_3}{2a_4^2} + \dfrac{a_3^3}{8a_4^3} \end{cases} \tag{3-24}$$

平衡曲面 M 方程为：

$$\frac{\partial V}{\partial x} = 4x_0^3 + 2ux_0 + v \tag{3-25}$$

根据尖点分叉集理论，得到分叉集方程为：

$$\Delta = 8u^3 + 27v^2 \tag{3-26}$$

式（3-26）即为岩体系统突发失稳的充要判据，当 $\Delta > 0$ 时岩体系统处于稳定状态，当 $\Delta \leqslant 0$ 时岩体系统处于不稳定状态。Δ 值的大小可以作为围岩体演化状态与临界状态的距离，称之为突变特征值。显然，只有当 $u \leqslant 0$ 时岩体才有可能发生失稳破坏。

将熵突变准则用于分析开挖岩体系统的稳定性问题，可将一般适用于岩体开挖的有限元程序作相应改进即可，具体用于有限元程序设计及计算时，熵值序列 $\{S\} = \{S_{(1)}, S_{(2)}, \cdots, S_{(m)}\}$ 可进行多项式拟合，使其化为形如

$$S(t) = \sum_{i=1}^{n} a_i t^i \tag{3-27}$$

的多项式形式，常数 a_i 可通过回归确定，这样便于形成突变模型中的势函数的形式。计算程序框图见图 3-4。

3.4.2　工程算例

为验证模型的有效性和适用性，应用本书所建熵突变准则编制计算程序对岩体的开挖施工进行模拟计算，以分析其稳定性。

设某边坡岩性为单一的片麻岩组成，属于典型的弹塑性介质，假定在平面应变状态下分析，采用 Drucker-Prager 屈服准则。初始应力场按自重应力场考虑，其强度和物理力学参数如表 3-1 所示。

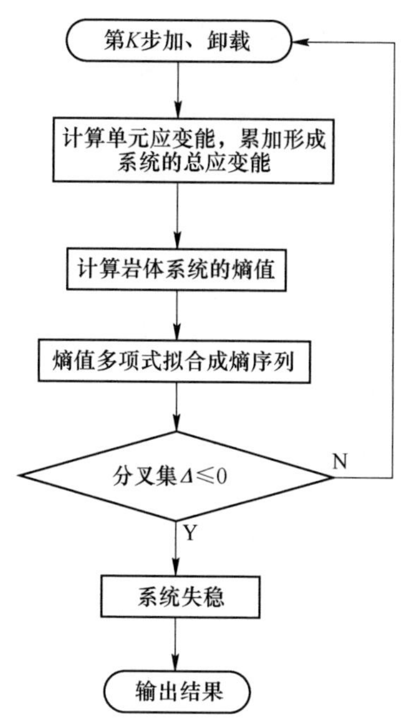

图 3-4 熵突变准则的计算程序框图

表 3-1 岩体强度和物理力学参数

岩性	容重 γ/kN · m^{-3}	弹性模量 E/GPa	泊松比 μ	摩擦角 φ/(°)	黏聚力 c/MPa	抗拉强度 σ_t/MPa
片麻岩	29.0	15	0.2	48	1.5	0.75

边坡分 6 步进行开挖，顺序如图 3-5 所示。

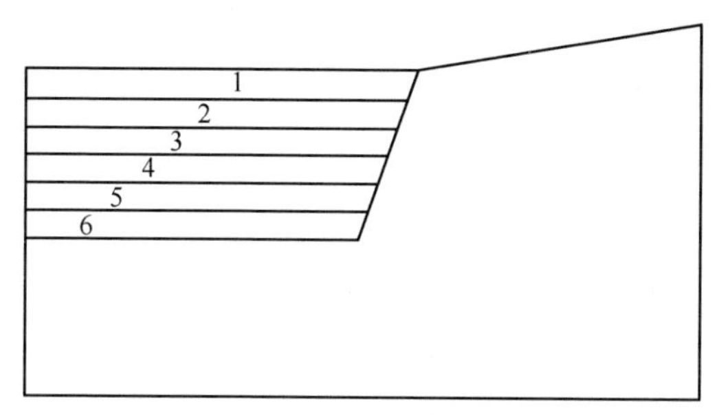

图 3-5 开挖顺序示意图

由于边界范围的大小在有限元法中对计算结果的影响比传统极限平衡法表现得更为敏感，郑颖人院士认为取坡脚到左端边界的距离为坡高的 1.5 倍，坡顶到右端边界的距离为坡高的 2.5 倍，且上下边界总高不低于 2 倍坡高时，计算精度最为理想[139]。另外如果网格划分太粗，将会造成很大的误差，计算时必须考虑适当的网格密度，在潜在滑动面处加密网格。据此计算范围和有限元计算网格如图 3-6 所示。

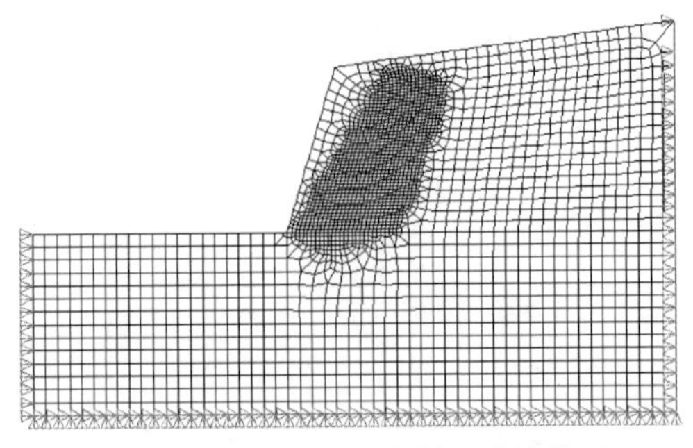

图 3-6　终了边坡的有限元计算模型

利用商业有限元程序 ANSYS 软件进行分析计算，得到每个开挖步所有单元的应变能，利用式（3-3）~式(3-5）求得不同开挖时步的熵值，代入尖点突变的分叉集方程（3-26)，当进行到第 6 步开挖时，突变特征值 1.78×10^{-6}，接近于零，因而认为边坡已近于破坏。开挖过程中不同开挖步的塑性区演化分布如图 3-7(a)~(f）以及书后彩图 3-7(a)~(f）所示。

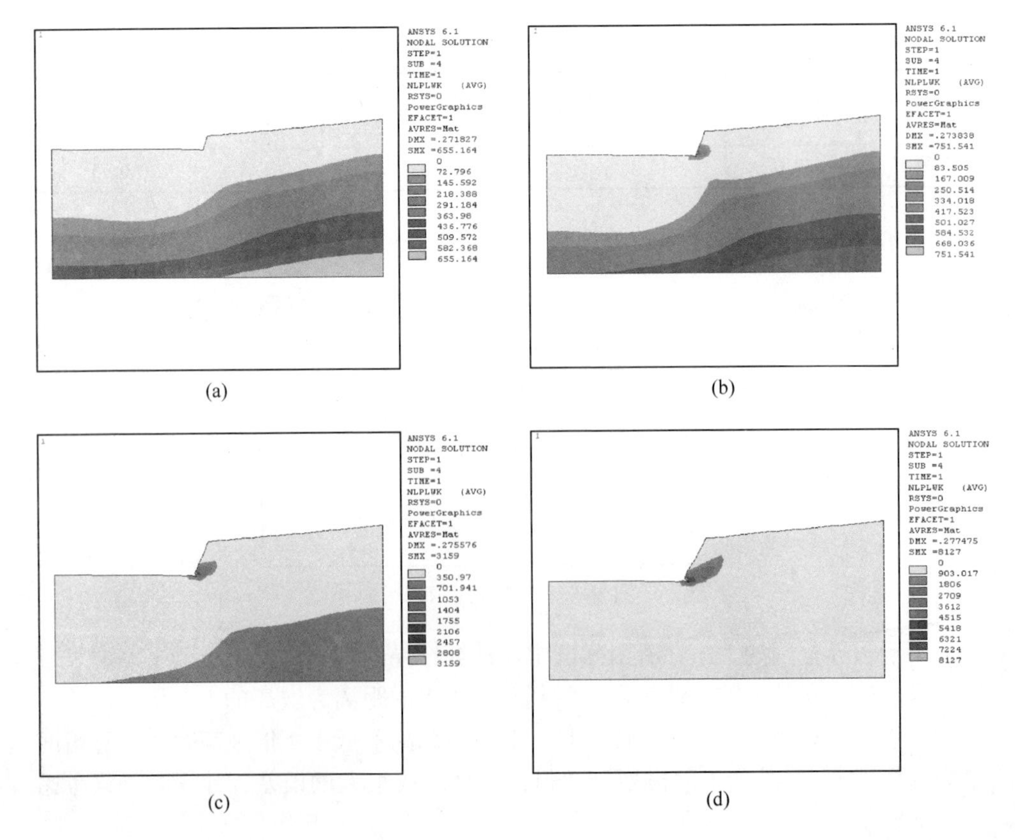

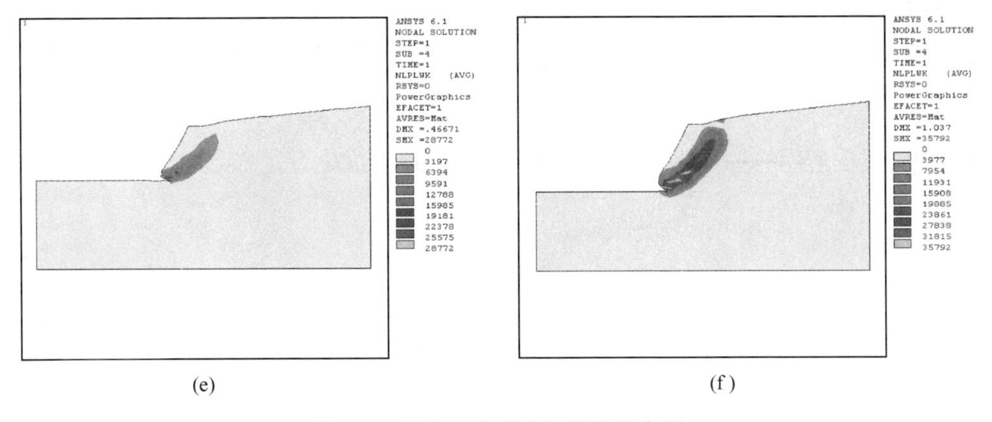

(e)　　　　　　　　(f)

图 3-7　开挖过程塑性区演化分布图

(a) 第 1 步开挖时塑性区；(b) 第 2 步开挖时塑性区；
(c) 第 3 步开挖时塑性区；(d) 第 4 步开挖时塑性区；
(e) 第 5 步开挖时塑性区；(f) 第 6 步开挖时塑性区

采用郑颖人提出的有限元强度折减法[139] 与本文模型进行对比分析，以验证模型的有效性和适用性。

有限元强度折减法就是通过对边坡非线性有限元模型进行强度折减，使边坡达到不稳定状态时，非线性有限元静力计算将不收敛，此时的折减系数就是稳定安全系数，同时可得到边坡破坏时的滑动面。随着计算机技术的发展，尤其是岩土材料的非线性弹塑性有限元计算技术的发展，有限元强度折减法近来在国内外受到关注。

有限元强度折减系数法的基本原理是将坡体强度参数：黏聚力 c 和内摩擦系数 $\tan\varphi$ 值同时除以一个折减系数 F_{trial}，得到一组新的 c'、φ'值：

$$
\begin{cases}
c' = \dfrac{c}{F_{\text{trial}}} \\
\varphi' = \arctan\left(\dfrac{\tan\varphi}{F_{\text{trial}}}\right)
\end{cases}
\tag{3-28}
$$

然后作为新的资料参数输入，再进行试算，当计算不收敛时，对应的 F_{trial} 被称为坡体的最小稳定安全系数，此时坡体达到极限状态，发生剪切破坏，同时可得到坡体的破坏滑动面。郑颖人对此法的计算精度以及影响因素进行了分析，表明采用摩尔-库仑等面积圆屈服准则求得的稳定安全系数与简化 Bishop 法的误差为 3% ~8%，与 Spencer 法的误差为 1% ~4%，证实了其实用于工程的可行性。

计算采用与前面相同的网格单元，屈服准则仍然选用 Drucker-Prager 准则。计算过程表明，当 $F_{\text{trial}} = 1.1$ 时，计算过程即不收敛，因此边坡的安全系数为 1.0 ~1.1。这与熵突变准则模型基本一致。

事实上，从开挖步的塑性区图可以看出，最后一步开挖后的边坡塑性区范围已经较大，强度略微减小或外部载荷微小增加都将导致塑性区扩大形成贯通的滑动面，引起边坡体失稳下滑。

3.4.3　工程应用——马钢姑山矿边坡滑坡控制措施优化

3.4.3.1　姑山矿采场边坡概况

马钢姑山矿区位于长江下游冲洪积平原的安徽省当涂县查湾乡境内。矿山周边皆为良田，地面标高+6～+8m，矿区内地表水系发育，渠塘密布，常年性水体青山河由南向北流经矿区东帮，最大洪水流量为600m^3/s。本区雨量充沛，年平均降雨量为1200mm。

矿床为热液-火山成因类型，产于辉长闪长岩接触带及其附近，矿体呈穹隆状分布，产状向四周倾斜。边坡岩体主要有高岭土化辉长闪长岩、凝灰岩、安山岩和页岩。第四系覆盖层在近边坡处约50～60m厚，受基岩地形控制，以矿体为中心向外逐渐变厚。按水文地质特征，第四系由上而下分为四层，即亚黏土粉细砂互层，中细砂粉细砂层，黏土亚黏土层，沙砾卵石层。其中互层在饱水状态下具触变性，易流动，是著名的矿山流沙层，该层在矿山普遍发育，平均厚20m，东北最厚，达40m。砂层在近边坡处大多缺失，仅分布于东南角与西北角，东南较厚，达13m，一般为9m。黏土层在近边坡附近分布稳定，层厚约15～20m，为隔水层。砂砾卵石层为矿区主要含水层，厚10～45m，分布稳定，上部以中粗砂为主，下部以砾卵石为主。

3.4.3.2　计算剖面的确定

姑山铁矿采场分为东、北、西三个采区，各采区首尾相通，因而整个采场在平面上像是半个圆圈形状。在东采区的东帮、北采区北帮、西采区西帮岩层均逆向边坡（这三帮分别称为采场东、北、西帮），而在东采区的西帮、北采区的南帮、西采区的东帮（该三个帮共同构成了位于采场中心的岩石半岛，统一称南帮），尽管矿层顺坡向，但构成边坡的岩性均为高岭化辉长闪长岩以及碳酸盐化辉长闪长岩，岩性单一，因此在边坡上出露的岩性基本反映了边坡体内的各岩组分布情况。绘制终了边坡出露的岩性分布图，依据岩性分布情况进行初步工程地质分区，并在各区切割1～2个垂直于边坡走向的典型勘探剖面，共计8个剖面。根据勘探结果，该8个剖面完全控制了采场东、西、北三个主要边帮的终了边坡，完全满足分析的需要，每一个剖面都有典型的代表意义，因而全部选定本次边坡工程地质勘探所有剖面作为计算剖面。这些剖面的坐标原点对应的矿区坐标以及剖面方向见表3-2。

表 3-2 计算剖面坐标原点的矿区坐标

区间	剖面号	X_0	Y_0	Z_0	剖面方向
西偏北	A-A	3476696	500929	-211	130
北偏西	B-B	3479849	501165	-211	151.5
北	C-C	3479897	50147105	-211	184
东北	D-D	3479818	502009	-212	233.5
东	E-E	3479427	501564.5	-210	87
东南	F-F	3478890	501773.5	-210	347
西	G-G	3479152	500810	-210	77
西南	H-H	3479129	501216	-200	168

3.4.3.3 边坡角控制优化方案

本实例主要对姑山铁矿边坡角进行优化，并提出具体控制措施。对姑山铁矿边坡角进行方案初步分析时对各剖面共提出 4～5 个方案，在初步方案基础上再进行调整，各剖面又提出 3～7 个方案，最后经过边坡稳定性与可靠性优化分析确定提出三个方案，三个方案的边坡角取值如表 3-3 和表 3-4 所示。

表 3-3 方案Ⅰ、方案Ⅱ边坡角取值

边帮部位	对应剖面	方案Ⅰ		方案Ⅱ	
		总体边坡角/(°)	台阶边坡角/(°)	总体边坡角/(°)	台阶边坡角/(°)
北帮第四系	B	21	35	21	35
北帮风化层	B	30	45	30	45
北帮基岩	B	30	60	30	60
北帮第四系	C	19	35	19	35
北帮风化层	C	35	45	35	45
北帮基岩	C	35	60	35	60
东北帮第四系	D	19	35	21	35
东北帮风化层	D	23	45	25	45
东北帮基岩	D	39	60	35	60
西北帮第四系	A	21	35	21	35
西北帮基岩	A	32	60～65	32	60～65
南帮第四系	H	21	35	21	35
南帮基岩	H	31	60～65	31	60～65
东南帮第四系	F	21	35	21	35

续表 3-3

边帮部位	对应剖面	方案Ⅰ		方案Ⅱ	
		总体边坡角/(°)	台阶边坡角/(°)	总体边坡角/(°)	台阶边坡角/(°)
东南帮基岩	F	39	60~65	39	60~65
西南帮第四系	G	21	35	21	35
西南帮风化层	G	21	45	25	45
西南帮基岩	G	39	60~65	39	60~65
东帮基岩	E	34~42	60~65	34~42	60~65

表 3-4　方案Ⅲ边坡角取值

边帮部位	总体边坡角/(°)	台阶坡面角/(°)
第四系	21	35
东帮基岩	42	60
西、南、北帮基岩	39	55

考虑到姑山矿区东部与青山河之间要留一段安全地带，矿区西部、北部、南部为排土场。再考虑到已征用土地的范围、各方案的上口境界不能再向外扩大，所以前两个方案露天坑部分分层开采范围有所缩小。

虽然方案Ⅲ采出矿石多，但边坡存在较严重的不稳定现象，在具有更多更详尽的地质勘探钻孔资料的前提下，在经过认真的反复分析计算的基础上，方案Ⅰ的总体边坡角较方案Ⅲ有所放缓。方案Ⅱ是在方案Ⅰ的基础上，对于过缓的边坡适当加陡并对不稳边坡进行局部加固而提出的另一个方案。

方案Ⅰ、方案Ⅱ的总体边坡角和台阶坡面角与方案Ⅲ相比确定得更详细。在水平面上分为东北帮、北帮、西北帮、东帮、东南帮、南帮、西帮、西南帮，在竖直剖面图上，又分为第四系、强风化带、中风化带、基岩，基岩中又划分出铁矿，它们的边坡角各有所不同。

3.4.3.4　不稳定边坡的控制措施

姑山铁矿采场边坡的岩石构成，主要以高岭土化辉长闪长岩为主，其他有安山岩、凝灰岩、石英砂岩、碳酸岩化辉长闪长岩等零星分布，在采场边坡的空间分布上极不均匀，各种岩石的物理力学性质特征千差万别，在各剖面上分析计算得出的稳定性结果也各不相同，根据推荐方案的稳定性分析，有些剖面的局部台阶边坡处于不稳定状态，需要进行处理。

根据姑山矿采场的实际情况，采场周围的征地范围已经确定，采场周围都是较为高产的稻田，再想扩大征地可能性不大。换句话说，采场的边界线已经确定，不可能再扩大。因此，要想采用削坡减载来处理是无法进行的。

在这种情况下，就要考虑采用加固措施。

A 方案Ⅰ

对各剖面采用方案Ⅰ中的边坡角进行稳定性分析，采用熵突变准则判断边坡是否破坏，结果如表3-5所示。

表3-5 方案Ⅰ各剖面稳定性计算结果

剖 面	A-A	B-B	C-C	D-D	E-E	F-F	G-G	H-H
熵突变特征值	8.937	3.407	7.923	-0.739	4.378	7.66×10^{-6}	4.283	5.930
智能评估结果	稳定	稳定	稳定	不稳定	稳定	不稳定	稳定	稳定

根据计算，A、B、C、E、G、H六个剖面是稳定的，而剖面D、F局部台阶边坡不稳定，需要进行加固。

剖面D：根据稳定性计算以及临界滑弧在边坡中的具体位置在-40m平台设计的加固力为85t/m，平均锚固深度40m。需加固的边坡长度为235m。

剖面F：根据稳定性计算与各区段临界滑弧的位置，-40m平台设计的加固力为50t/m，平均锚固深度为35m；-52m台阶设计加固力为30t/m，平均锚固深度40m。需加固的边坡平均长度为325m。

B 方案Ⅱ

对各剖面采用方案Ⅱ中的边坡角进行稳定性分析，采用熵突变准则判断边坡是否破坏，结果如表3-6所示。

表3-6 方案Ⅱ各剖面稳定性计算结果

剖 面	A-A	B-B	C-C	D-D	E-E	F-F	G-G	H-H
熵突变特征值	10.176	6.881	3.293	5.33×10^{-5}	5.241	3.792	0.692×10^{-6}	7.124
智能评估结果	稳定	稳定	稳定	不稳定	稳定	稳定	不稳定	稳定

根据计算，A、B、C、E、F、H六个剖面是稳定的，而剖面D、G局部台阶不稳定，需要进行加固。

剖面D：根据稳定性计算与临界滑弧位置在-40m平台设计加固力为85t/m，平均锚固长度40m。需加固的边坡长度为225m。

剖面G：根据稳定性计算与各区段不稳临界滑弧位置，加固设计为：-40m平台，锚固力190t/m，平均锚固深度60m；-52m平台，锚固力190t/m，平均锚固深度70m；-64m平台，锚固力300t/m，平均锚固深度70m；-88m平台，锚固力300t/m，平均锚固深度55m；-100m平台，锚固力110t/m，平均锚固深度35m。根据剖面G在采场控制的实际走向长度，需加固的边坡平台长度224m。

C　方案Ⅲ

对各剖面采用方案Ⅲ中的边坡角进行稳定性分析，采用熵突变准则判断边坡是否破坏，结果如表3-7所示。

表3-7　方案Ⅲ各剖面稳定性计算结果

剖　面	A-A	B-B	C-C	D-D	E-E	F-F	G-G	H-H
熵突变特征值	-1.283	2.930×10^{-4}	4.99×10^{-5}	-3.481	3.126	-4.772	2.131×10^{-7}	5.642
智能评估结果	不稳定	不稳定	不稳定	不稳定	稳定	不稳定	不稳定	稳定

根据计算，E、H两个剖面是稳定的，其他剖面存在局部边坡或整体边坡不稳，若使边坡处于稳定状态而又不改变边坡设计，则需要进行加固处理。

剖面A：-76m平台，锚固力为210t/m，平均锚固深度53m；-100m平台，锚固力为220t/m，平均锚固深度42m。需要加固的边坡平均长度为242m。

剖面B：-64m平台，加固力为80t/m，平均锚固深度53m；-76m平台，加固力为600t/m，平均锚固深度35m；-88m平台，锚固力为162t/m，平均锚固深度52m；-100m平台，锚固力为420t/m，平均锚固深度45m。需要加固的边坡平均长度为190m。

剖面C：-100m平台，锚固力268t/m，平均锚固深度42m，加固的边坡长度185m。

剖面D：-16m平台，需要加固力为155t/m，平均锚固深度28m；-28m平台，需要加固力为60t/m，平均锚固深度35m；-52m平台，需要加固力为150t/m，平均锚固深度35m；-64m平台，需要的锚固力为100t/m，平均锚固深度32m；-76m平台，需要的锚固力为215t/m，平均锚固深度28m。需要加固的边坡平均长度248m。

剖面F：-40m平台，需要的加固力为100t/m，平均锚固深度35m；-52m平台，需要的锚固力为87t/m，平均锚固深度35m；-52m平台，需要的锚固力为87t/m，平均锚固深度35m；需要加固的边坡长度360m。

剖面G：-16m平台，需要的加固力为50t/m，平均锚固深度28m；-28m平台，需要的加固力为50t/m，平均锚固深度35m；-40m平台，需要的加固力为50t/m，平均锚固深度56m；-52m平台，需要的锚固力为80t/m，平均锚固深度53m；-64m平台，需要的锚固力为70t/m，平均锚固深度63m；-76m平台，需要的锚固力为150t/m，平均锚固深度60m；-88m平台，需要的锚固力为250t/m，平均锚固深度60m；-100m平台，需要的锚固力为270t/m，平均锚固深度42m；-112m平台，需要的锚固力为50t/m，平均锚固深度28m。此段需要锚固的边坡平均长度为247m。

3.4.3.5 各方案控制措施对比

对上述三个方案，在保证边坡稳定的前提下通过对比可以看出，在保证三个方案的边坡稳定的情况下，所布置的加固工程量属方案Ⅰ最少，方案Ⅱ次之，方案Ⅲ最多；所需要的加固费用属方案Ⅰ最少，方案Ⅱ次之，方案Ⅲ最多。故方案Ⅰ为最优方案。

第4章　岩体位移时间序列的预测与突变分析及应用

4.1　岩体工程安全监测预报的基本方法

岩体工程安全监测预报包括对工程安全稳定状态的评判和对危险状态的预测预报工作，目前采用的方法大致可分为：（1）工程地质因素的定性分析方法；（2）自动报警；（3）各类警戒界限法；（4）数学物理模型分析方法。其中，自动报警法主要是采用地震波和声发射仪器报警方法，目前基本上处于研究阶段；警戒界限法和数学物理模型法是安全监测和监测资料整理分析工作的自然延伸。工程地质因素的定性分析方法主要用到设计、施工和地质等方面知识和现场观察资料，是对仪器监测资料的重要补充，应该作为安全监测预报工作的一个重要方面[83]。

由于岩体工程自身的工程特性，它所具有的工程地质环境和施工运行的荷载和其他条件十分复杂，安全评判和预报需要结合本工程的具体情况，针对岩体介质的种类（散体、块体或完整性岩体等），岩体工程的类别（地下工程、边坡、建筑物基础等），以及监测时段（施工期或运行期）合理选择相应的安全预测预报方法。另外，由于岩体工程复杂性，单一的安全预报方法往往满足不了工程要求，需要采用多种不同方法，进行综合分析评判。既要综合分析各种监测仪器和不同部位的监测数据，也要重视地质调查、人工巡视以及设计施工等多方面的信息，还要了解岩土介质自身、附属的加固设施以及邻近工程建筑物的各种反应，以提高安全预测预报工作的准确性和可靠度。综合各种安全预报方法，进行安全预测预报的做法一般称为综合评判法。

4.1.1　工程地质因素的定性分析法

该方法又可具体分为地质因素分析法、工程类比法、岩体结构分析法。

（1）地质因素分析法是通过勘测、巡视观察和简易测绘手段了解与岩体工程的安全稳定有关的、经常出现的、起控制作用的岩体介质特性、地质构造、水的作用和岩体应力四个主要因素及其分类标准，进行综合分析，确定岩体的稳定性，进行安全预报。这种分析方法是比较客观的和符合实际的，且具有快速及时的特点。应用这种方法进行安全预报，工作人员的经验在预报准确度上将起重要作用。

(2) 工程类比法有两种形式：其一，根据拟建和在建工程地质条件、岩体特性和动态观测资料，通过与具有类似条件的已建工程的综合分析和对比，判断工程区岩体或建筑物的稳定性，并取得相应的资料进行稳定计算，评估工程安全性和潜在不安全因素。其二，因素类比法，即工程不稳定因素类比，根据已发生过的失稳事件、有失稳可能处理后已经稳定的工程实例的各项条件和各种因素的对比，对工程的稳定性做出迅速判断。工程类比法的优点是综合考虑各种影响工程稳定的因素，迅速地对工程稳定性及其发展趋势做出预测。缺点是经验性强，缺少定量界限，因地而异。

(3) 岩体结构分析法（块体理论分析法）主要对块状岩体结构的工程进行稳定分析的简易方法。它属于定性的图解法，即在岩体的结构及其特性研究的基础上，考虑工程荷载作用方式和岩体应力，借助赤平极射投影法、实体比例投影法和块体坐标投影法进行图解分析，初步判断岩体的稳定性。发现问题，再应用极限平衡理论对由软弱结构面切割成的不稳定块体进行稳定计算。这种方法可以通过图解求出可能不稳定块体在岩体中的具体分析位置、几何图形、体积和重量，确定块体可能失稳的形式和位移滑动方向、滑动面及其体积。考虑结构的强度条件，进行块体在自重力及工程荷载作用下的稳定计算，进行预报。

4.1.2　警戒界限法

岩土工程安全监测预报中的警戒界线法（也称指标控制法）是目前应用比较普及的方法。这种方法是以地质因素分析法、工程类比法、岩体结构分析法为基础，利用原位监测和试验资料综合分析，确定一种或几种临界值作为安全警戒线，进行施工期或运行的安全监测预报，其中包括位移指标控制法、应变指标控制法。

(1) 位移指标控制法：根据工程的具体情况和前期工作，参考国内外类似工程的观测结果，对主要的控制安全的观测项目及测点，提出进行观测或运行监测安全预报的警戒界线。

(2) 应变指标控制法：在工程开挖过程中，洞壁附近围岩体的应力变化情况与卸载试验的应力路径类似，且洞壁处的垂直于洞壁方向上的应力为零，使 σ_2/σ_3 趋于无穷大，故洞壁处坚硬围岩的破坏主要是张性破裂。在离洞壁稍远处，σ_2/σ_3 逐渐减小，岩石的破坏形式逐渐变为压剪破坏，使承载能力有所提高。应力分析结果表明，在洞壁处出现拉应力一般平行于洞壁，只能使围岩产生垂直于洞壁的裂缝。这类裂缝能引起局部掉块，但不会造成围岩大面积的塌落。围岩出现大面积张性破坏的原因，一般是在垂直于洞壁表面的方向上张应变有较大的增长。即使作用在这个方向的拉应力没有超过单轴抗拉强度或应力为压应力，作用在其他两个方向上的压应力仍可使这一方向的实际张应变超过极限张应变，导致围岩出现张裂破坏。因此判断围岩是否会出现张性破坏的合适的准则，应是检验洞周围岩在自由表面垂直的方向的张应变是否超过限度。

大量室内试验的结果表明，岩样的极限张应变值比较离散，因此确定围岩的允许拉应变是一个困难的任务，有待进一步的完成。

4.1.3 数学物理模型法

数学物理模型法有统计学模型、确定性模型和混合性模型 3 类。其中统计学模型还包括统计回归模型、时序分析模型、灰色系统模型、模糊数学模型和神经元模型等。

借助数学工具和物理力学原理在监测物理量（效应量，如位移、应变、渗压等）和其他原因量（如时间、测点距开挖面距离、水压、初始地应力等）之间建立关系式，据此对监测物理量进行定量分析的方法称为数学模型法。所建立的关系式称为监测物理量的数学物理模型，数学物理模型分析法主要依据实测效应量值与模型预测效应量值两者应基本相符的原则来解释和分析监测资料，判断岩体工程的工作状态的稳定性，分析研究原因量与效应量之间相互关系和作用机理，预测效应量（包括各效应分量）的变化趋势。数学物理模型法的基本假定是各主要原因量产生的效应量互不干扰，互相独立，即效应分量符合力学叠加原理。

数学物理模型法可分为统计学模型、确定性模型和混合性模型 3 种类型，统计学模型有时也称为数学模型，其他为物理力学模型。

统计学模型是一种后验性模型，它是根据以往较长时间、数量较多的历史监测资料，建立起的原因量和监测物理量（效应量）相互关系的数学模型，用以预测未来时刻效应量的变化趋势。

确定性模型的建立过程中，要用到确定性方法，如有限元法、其他数值算法或解析法，计算求得所研究问题的解，然后结合实测值进行优化拟合，实现对物理力学参数和其他拟合待定参数的调整，建立确定性模型，以进行安全监控和反馈分析。因要与实测值拟合，所选择的有限元等确定性算法应在原设计计算模型的基础上进一步改进修正，以反映工程重要影响因素。所采用的物理力学参数指标也要经过反分析优选，以符合工程实际。

混合型模型是 1980 年 P. Bonaldi 等人为了克服统计学和确定型模型各自的缺点而发展起来的。对各效应分量的计算，视具体情况选用不同的模型。研究表明，混合型模型的预报精度较确定性和统计学模型都高。

数学物理模型是首先从大坝监测资料分析中发展起来的，但该方法的原则对岩体工程是普遍适用的，有较广阔的工程应用前景。

岩体演化过程的不同阶段和不同地质环境中的失稳过程所反映出的信息源类型是有区别的。尤其对于地质体内部信息源随岩体失稳的规模、类型、地质环境以及不同的失稳阶段而变化十分显著。由于位移场是最直观也是最易于观测的信息源，因而目前所开展的岩体失稳灾害监测的主要信息对象则是位移场。大多数情况下监测岩体失稳演化过程的位移场对预测预报岩体失稳是十分有用的。

位移是岩体结构在开挖或变形过程中反馈出的重要信息之一，通过监测岩体结构位移的变化，可以及时了解岩体结构的稳定状态，从而可以根据需要对其进行稳定性控制。因此，用监测到的历史位移值进行建模以对其未来的演化规律、发展趋势等进行预测，及时掌握岩体的变化规律，在工程上有十分重要的意义[10]。近年来出现了一种新的学习机——支持向量机，它可以根据结构风险最小化原理来自动学习问题模型的结构。它是建立在统计学习理论的 VC 维理论和结构风险最小原理基础上的，能较好地解决小样本、非线性、高维数和局部极小点等实际问题，已成为机器学习界的研究热点之一。本章将建立基于支持向量机的位移演化的非线性动力学模型，并据此分析其稳定性。

4.2 支持向量机的基本原理

支持向量机（support vector machines）是 Vapnik 等人根据统计学习理论提出的一种新的通用学习方法，可以基于有限样本训练就能获得良好的泛化能力，并且是一个通用的学习机，用它建模不必知道因变量和自变量之间的关系，通过对样本的学习即可获得因变量和自变量之间非常复杂的映射关系；同时，它是基于小样本的一种学习方法，不必知道太多的数据即可建模。SVM 的概念简单清晰，理论基础扎实，技术上系统实用。它具有下述优点：

（1）需要调整参数少。

（2）估计未知参数是一个凸目标函数的优化问题，可以用标准的二次型规划问题来解决，计算速度快且不存在局部极小。

（3）模型结构由样本集中最能“提供信息的”子样本集——支持向量来决定，通过改变支持向量的数目就可以很容易地连续改变模型结构。

（4）可以得到和控制模型泛化误差的上界，并且独立于训练集和测试集的分布。

支持向量机已经被成功地应用于模式识别和回归算法中。

4.2.1 统计学习理论

假如存在一个有 h 个样本的样本集被一个函数集 $f(x, w)$ 中的函数按照所有可能的 2^h 种形式分为两类，则称函数能够把样本数是 h 的样本集打散，VC 维就是用这个函数集中的函数所能够打散的最大样本集的样本数目。

由统计学习理论，经验风险最小化原则下的机器学习的实际风险是由两部分组成：

$$R < R_{emp} + \Phi \tag{4-1}$$

式中，R_{emp} 是训练样本的经验风险，Φ 称作置信范围，是函数集的 VC 维和训练样本数的函数，Φ 与样本数和 VC 维的比值成反比，可将上式重写为：

$$R = R_{emp} + \Phi\left(\frac{n}{h}\right) \tag{4-2}$$

当 n/h 较小时，置信范围较大，用经验风险近似真实风险就有较大的误差，用经验风险最小化取得的最优解可能具有较差的推广性，如果样本数较多，n/h 较大时，则置信范围 Φ 就会很小，经验风险最小化的最优解就接近实际的最优解。

传统的经验风险最小化原则在样本数目有限时，并未同时考虑我们需要同时最小化经验风险和置信范围。根据对置信范围 Φ 的认识，提出了所谓的结构风险最小化。首先把函数集 $S=\{f(x, w), w \in \Omega\}$ 分解为一个函数子集序列 Λ：

$$S_1 \subset S_2 \subset \cdots \subset S_K \subset \Lambda S$$

使各个子集能够按照 VC 维的大小排列，即：

$$h_1 \leqslant h_2 \leqslant \cdots \leqslant h_k \leqslant \Lambda h$$

这样在同一个子集中的置信范围就相同；然后在每一个子集中寻找最小经验风险，通常其随着子集的复杂度的增加而减小。选择最小经验风险与置信范围之和最小的子集，就可以达到期望风险的最小，这个子集中使经验风险最小的函数就是所要求的最优函数。这种思想称作结构风险最小化。在结构风险最小化原则下，一个分类器的设计过程包括以下两方面的任务：

（1）选择一个恰当的函数集（使之对问题来说有最优的分类能力）。

（2）从这个子集中选择一个判别函数（使经验风险最小）。

4.2.2 支持向量机的基本原理

支持向量机是从线性可分情况下的最优分类面发展而来的，也是统计学习理论中最实用的部分，其基本思想可用图 4-1 的两维情况说明。

图 4-1 中实心点和空心点代表两类样本，H 为分类超平面，H_1、H_2 分别为过各类中离分类超平面最近的样本且平行于分类超平面的平面，它们之间的距离叫做分类间隔。所谓最优分类面就是要求分类面不但能将样本正确分开（训练错误率为 0），而且使分类间隔最大。距离最优分类超平面最近的向量称为支持向量。

设样本为 n 维向量，某区域的 k 个样本及其所属类别表示为：

$$(x_1, y_1), \cdots, (x_k, y_k) \in R_n \times \{\pm 1\}$$

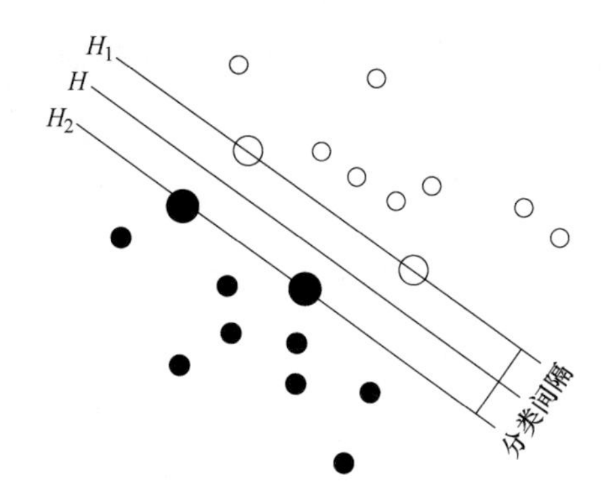

图 4-1　支持向量机分类示意图

超平面 H 表示为：

$$\omega \cdot x + b = 0 \tag{4-3}$$

显然，式（4-3）中 ω 和 b 乘以系数后仍满足方程。不是一般性，对所有的样本 x_i 满足下列不等式：

$$\omega \cdot x_i + b \geqslant 1，若 y_i = 1$$
$$\omega \cdot x_i + b \leqslant -1，若 y_i = -1$$

可将上述不等式的规范形式合并为如下紧凑形式：

$$y_i(\omega \cdot x_i + b) \geqslant 1, i = 1, \cdots, k, \cdots \tag{4-4}$$

点 x 到超平面 H 的距离为：

$$d(\omega, b, x) = \frac{|\omega \cdot x + b|}{\|\omega\|} \tag{4-5}$$

根据最优分类超平面的定义，则分类间隔可表示为：

$$\begin{aligned} p(\omega, b) &= \min_{\{x_i:y_i=1\}} d(\omega, b, x_i) + \min_{\{x_i:y_i=-1\}} d(\omega, b, x_j) \\ &= \min_{\{x_i:y_i=1\}} \frac{|\omega \cdot x_i + b|}{\|\omega\|} + \min_{\{x_i:y_i=-1\}} \frac{|\omega \cdot x_j + b|}{\|\omega\|} \end{aligned} \tag{4-6}$$

要使分类间隔最大，就是使 $\frac{2}{\|\omega\|}$ 最大。因此构造最优分类超平面的问题可转化为在满足式（4-4）条件下最小化

$$\Phi(\omega, b) = \frac{1}{2}\omega \cdot \omega \tag{4-7}$$

的问题。另外，考虑到可能存在一些样本不能被超平面正确分类，因此引入松弛变量

$$\xi_i \geqslant 0, i = 1, \cdots, k \tag{4-8}$$

显然，当分类出现错误时，ξ_i 大于零，$\sum_{i=1}^{k}\xi_i$ 是分类错误数量的一个上界，为此引入错误惩罚分量，因此构造广义最优分类超平面问题就转化为在约束条件下最小化函数问题。

$$y_i(\omega \cdot x_i + b) \geqslant 1 - \xi_i,\ i = 1,\ \cdots,\ k,\ \cdots \tag{4-9}$$

$$\Phi(\omega,\ b) = \frac{1}{2}\omega \cdot \omega + C\sum_{i=1}^{k}\xi_i \tag{4-10}$$

式（4-10）中 C 为一正常数，C 越大，对错误的惩罚越重。其中第 1 项是样本到超平面的距离尽量大，从而提高泛化能力；第 2 项使误差尽量小。

支持向量机用来解决回归问题，首先考虑用线性函数 $f(x) = wx + b$ 拟合数据 $\{x_i,\ y_i\}$，$i=1,\ 2,\ \cdots$，假设所有训练数据在 ε 精度下无误差地用线性函数拟合，即

$$\begin{cases} y_i - wx_i - b \leqslant \varepsilon \\ wx_i + b - y_i \leqslant \varepsilon \end{cases} \quad (i = 1,\ 2,\ \cdots,\ k) \tag{4-11}$$

优化目标是最小化$\frac{1}{2}\|w\|^2$。根据统计学习理论，在这个优化目标下可取得较好的推广能力。考虑到允许误差的情况，引入松弛因子 $\xi_1 \geqslant 0$ 和 $\xi_i^* \geqslant 0$，则式（4-11）变为：

$$\begin{cases} y_i - wx_i - b \leqslant \varepsilon + \xi_i \\ wx_i + b - y_i \leqslant \varepsilon + \xi_i^* \\ \xi_i \geqslant 0 \\ \xi_i^* \geqslant 0 \end{cases} \quad (i = 1,\ 2,\ \cdots,\ k) \tag{4-12}$$

与最优分类超平面中最大化分类间隔相似，回归问题转化为在上述约束条件下最小化函数问题。

$$R(\omega,\ \xi,\ \xi^*) = \frac{1}{2}\|w\|^2 + C\sum_{i=1}^{k}(\xi_i + \xi_i^*) \tag{4-13}$$

其中，常数 $C>0$，C 表示对超出误差 ε 的样本的惩罚程度。ε 为一正常数，$f(x_i)$ 与 y_i 的差别小于 ε 时不计入误差，大于 ε 时误差计为 $|f(x_i)-y_i|-\varepsilon$。

式（4-12）的最优解为函数（4-13）的鞍点，在鞍点处，函数 L 是关于 ω，b，ξ_i，ξ_i^* 的极小点，是 α_i，α_i^*，γ_i，γ_i^* 极大点，式（4-13）的最小化问题转化为求其对偶问题的最大化问题。其对偶问题可用下式表示：

$$\widetilde{\omega}(\alpha_i,\ \alpha^*,\ \gamma_i,\ \gamma)' = \min_{\omega,\ b,\ \xi,\ \xi^*} L(\omega,\ b,\ \xi,\ \xi^*,\ \alpha_i,\ \alpha^*,\ \gamma_i,\ \gamma) \tag{4-14}$$

拉格朗日函数 L 在鞍点处是关于 ω，b，ξ，ξ^* 极小点，故可得到：

$$\begin{cases} \dfrac{\partial}{\partial \omega} L = 0 \Rightarrow \omega = \sum_{i=1}^{k} (\alpha_i - \alpha_i^*) x_i \\ \dfrac{\partial}{\partial b} L = 0 \Rightarrow \sum_{i=1}^{k} (\alpha_i - \alpha_i^*) = 0 \\ \dfrac{\partial}{\partial \xi_i} L = 0 \Rightarrow C - \alpha_i - \gamma_i = 0 \\ \dfrac{\partial}{\partial \xi_i^*} L = 0 \Rightarrow C - \alpha_i^* - \gamma_i^* = 0 \end{cases} \tag{4-15}$$

将式（4-15）代入式（4-14），可得拉格朗日函数的对偶函数：

$$\widetilde{\omega}(\alpha, \alpha^*)_{\omega, b, \xi, \xi^*} = -\frac{1}{2}\sum_{i, j=1}^{k} (\alpha_i - \alpha_i^*)(\alpha_j - \alpha_j^*)(x_i \cdot x_j) - \sum_{i=1}^{k} (\alpha_i + \alpha_i^*)\varepsilon - \sum_{i=1}^{k} (\alpha_i - \alpha_i^*) y_i \tag{4-16}$$

拉格朗日函数优化问题转化为在约束

$$\sum_{i=1}^{k} (\alpha_i - \alpha_i^*) = 0$$

$$0 \leqslant \alpha_i, \ \alpha_i^* \leqslant C, \ i = 1, 2, \cdots, k \tag{4-17}$$

下最大化式（4-16）问题。

对于非线性回归，首先使用一非线性映射把数据映射到一个高维空间，再在高维特征空间进行线性回归，从而取得在原空间非线性回归的效果。

假设样本下用非线性函数 $\Phi(x)$ 映射到高维空间，则非线性回归问题转化为在约束（4-17）下最大化函数：

$$\widetilde{\omega}(\alpha, \alpha^*)_{\omega, b, \xi, \xi^*} = -\frac{1}{2}\sum_{i, j=1}^{k} (\alpha_i - \alpha_i^*)(\alpha_j - \alpha_j^*)[\Phi(x_i) \cdot \Phi(x_j)] - \sum_{i=1}^{k} (\alpha_i + \alpha_i^*)\varepsilon + \sum_{i=1}^{k} (\alpha_i - \alpha_i^*) y_i \tag{4-18}$$

若令 $K(x_i \cdot x_j) = \Phi(x_i) \cdot \Phi(x_j)$，则式（4-18）为：

$$\widetilde{\omega}(\alpha, \alpha^*)_{\omega, b, \xi, \xi^*} = -\frac{1}{2}\sum_{i, j=1}^{k} (\alpha_i - \alpha_i^*)(\alpha_j - \alpha_j^*) K(x_i \cdot x_j) - \sum_{i=1}^{k} (\alpha_i + \alpha_i^*)\varepsilon - \sum_{i=1}^{k} (\alpha_i - \alpha_i^*) y_i \tag{4-19}$$

此时，

$$\widetilde{\omega} = \sum_{i=1}^{k} (\alpha_i - \alpha_i^*) \Phi(x_i) \tag{4-20}$$

记 $\omega \cdot x = \omega_0$，函数 $f(x)$ 可表示为：

$$f(x) = \sum_{i=1}^{k} (\alpha_i - \alpha_i^*) K(x, x_i) + b = \omega_0 + b \tag{4-21}$$

支持向量机理论只考虑高维特征空间的点集运算 $K(x_i \cdot x_j) = \Phi(x_i) \cdot \Phi(x_j)$，而不直接使用函数 Φ，因此没有必要知道非线性映射的具体形式，从而巧妙地解决了因 Φ 未知而 W 无法显式表达的问题，称 $K(x_i \cdot x_j)$ 为核函数。常用的核函数有：

多项式核函数：$K(x_i,\ x_j) = (x_i \cdot x_j + 1)^d$，$d = 1,\ 2,\ \cdots$

径向基函数（RBF）核函数：$K(x_i,\ x_j) = \exp\left|\dfrac{\| x_i - x_j \|^2}{2\sigma^2}\right|$

Sigmoid 核函数：$K(x_i,\ x_j) = \tanh[b(x_i,\ x_j) + c]$

按照库恩-塔克条件定理，在鞍点处有下式成立

$$\begin{cases}\alpha_i[\varepsilon + \xi_i - y_i + f(x_i)] = 0 \\ \alpha_i^*[\varepsilon + \xi_i^* + y_i - f(x_i)] = 0\end{cases} \quad (i = 1,\ \cdots,\ k) \tag{4-22}$$

$$\begin{cases}\xi_i \gamma_i = 0 \\ \xi_i^* \gamma_i^* = 0\end{cases} \quad (i = 1,\ \cdots,\ k) \tag{4-23}$$

由式（4-22）可见，$\alpha_i \cdot \alpha_i^* = 0$，$\alpha_i$ 和 α_i^* 都不会同时为零。再由式（4-17）和式（4-23）可得

$$\begin{cases}(C - \alpha_i)\xi_i = 0 \\ (C - \alpha_i^*)\xi_i^* = 0\end{cases} \quad (i = 1,\ \cdots,\ k) \tag{4-24}$$

由式（4-24）可知对应于 $\alpha_i = C$ 或 $\alpha_i^* = C$ 的 $f(x_i)$ 与 y_i 的误差可能大于 ε，对应于 $\alpha_i \in (0,\ C)$ 或 $\alpha_i^* \in (0,\ C)$ 的 $f(x_i)$ 与 y_i 的误差必然等于 ε，也即 $\xi_i = 0$，或 $\xi_i^* = 0$，因此有

$$\begin{cases}\varepsilon - y_i + f(x_i) = 0,\ \text{对于}\ \alpha_i \in (0,\ C) \\ \varepsilon + y_i - f(x_i) = 0,\ \text{对于}\ \alpha_i^* \in (0,\ C)\end{cases} \tag{4-25}$$

从式（4-25）可求出 b。

上述优化算法用矩阵表示为

$$\min \frac{1}{2}\boldsymbol{x}^{\mathrm{T}}\boldsymbol{H}\boldsymbol{x} + \boldsymbol{c}^{\mathrm{T}}\boldsymbol{x} \tag{4-26}$$

式中

$$\boldsymbol{H} = \begin{bmatrix} \boldsymbol{XX}^{\mathrm{T}} & \cdots & -\boldsymbol{XX}^{\mathrm{T}} \\ & \vdots & \\ -\boldsymbol{XX}^{T} & \cdots & \boldsymbol{XX}^{\mathrm{T}} \end{bmatrix},\ \boldsymbol{c} = \begin{bmatrix} \varepsilon + \boldsymbol{Y} \\ \vdots \\ \varepsilon - \boldsymbol{Y} \end{bmatrix},\ \boldsymbol{x} = \begin{bmatrix} \alpha \\ \vdots \\ \alpha^* \end{bmatrix},$$

$$\boldsymbol{X} = \begin{bmatrix} k(x_1,\ x_1) \\ \vdots \\ k(x_k,\ x_k) \end{bmatrix},\ \boldsymbol{Y} = \begin{bmatrix} y_1 \\ \vdots \\ y_k \end{bmatrix}$$

其约束为 $x^*(1,\ \cdots,\ 1,\ -1,\ \cdots,\ -1) = 0$，$\alpha_i$，$\alpha_i^* \geqslant 0$，$i = 1,\ \cdots,\ k$。本书

利用 MATLAB 语言工具箱实现上述算法。

4.3 基于支持向量机的岩体位移时间序列的预测

位移随时间演化的过程是一个时间序列，由于位移观测序列是易得的观测资料，它是各个因素综合作用的结果，包含了岩体演化的大量信息，因此许多学者采用不同方法从位移时间序列中提取岩体演化信息，运用传统时序分析理论、灰色系统理论、混沌学、非线性动力学等原理，并建立了相应的模型。随着非线性科学的发展，遗传算法和神经网络等非线性理论开始应用于位移序列的预测预报中。文献［10］提出用遗传神经网络方法进行边坡位移的识别与预测，并取得了良好的结果。但神经网络是基于大样本的学习方法，采用经验风险最小化原则，同时未能给出可预测的时间尺度，即未能解决可预测性问题。支持向量机和神经网络相比，支持向量机是基于统计学习理论的小样本学习方法，采用结构风险最小化原则，具有良好的推广能力，同时支持向量机需要调整的参数少，估计未知参数是一个凸目标函数的优化问题，可以用标准的二次型规划问题来解决，计算速度快且不存在局部最小，模型结构由样本集中最能提供信息的子样本集即支持向量来决定，通过改变支持向量的数目就可以很容易地连续改变模型结构，可以得到和控制模型泛化误差的上界，并且独立于训练集和测试集的分布[97~105]。鉴于此，本书采用基于支持向量机的混沌时间序列预测方法建立岩体的非线性动力学模型，并据此进行稳定性的突变分析。

4.3.1 岩体位移的最长可预报时间

坝基或边坡工程中大量的原位观测得到的时间序列位移数据，反映了岩体系统在环境与荷载等作用下产生的效应量动态演变过程，这种单一的时间变量序列包含了十分丰富的混沌信息。

混沌系统的主要特性之一就是对初始条件的敏感性，这描写了非线性耗散动力系统的信息性质。对于保守系统，相体积是不随时间变化的，对耗散系统相体积则是随时间收缩的。相体积的收缩可以是所有方向上都收缩，因此保证了最终的相体积是收缩的。所以，非线性耗散系统存在两个运动特性：收缩和发散。前者由耗散特性所决定，后者则由非线性特性所决定，因为非线性动力系统的行为特性之一就是指数辐射。收缩是整体的，发散是某些方向的。收缩使系统奇怪吸引子整体稳定，发散造就了内在的随机性，即对初始条件的极其敏感，这就是所谓的初始敏感性。

为了描写或度量非线性系统的这种特性，人们引进了 Lyapunov 指数这个系统物理量。

对于一般的 n 维动力系统，定义 Lyapunov 指数如下：

设 F 是 $R^n \to R^n$ 上的 n 维映射，决定一个 n 维离散动力系统

$$x_{n+1} = F(x_n) \tag{4-27}$$

将系统的初始条件取为一个无穷小的 n 维的球，由于演变过程中的自然变形，球将变为椭球。将椭球的所有主轴按其长度顺序排列，那么第 i 个 Lyapunov 指数根据主轴的长度 $P(n)$ 的增加速率定义为：

$$\lambda_i = \lim_{n \to \infty} \frac{1}{n} \ln\left[\frac{P_i(n)}{P_i(0)}\right],\ i = 1,\ 2,\ \cdots,\ n \tag{4-28}$$

这样 Lyapunov 指数是与相空间的轨线收缩或扩张相关联的。在 Lyapunov 指数小于零的方向上轨道收缩，运动稳定，对于初始条件不敏感；而在 Lyapunov 指数为正的方向上，轨道迅速分离，对初值敏感。

如果将 n 个 Lyapunov 指数，按从大到小的顺序排列：

$$\mathrm{LE}_1 > \mathrm{LE}_2 > \mathrm{LE}_3 > \cdots > \mathrm{LE}_i > \cdots > \mathrm{LE}_n$$

则称这 n 个 Lyapunov 指数为指数谱，而 LE_1 则称为最大 Lyapunov 指数。

$$\mathrm{LE}^+ = \sum_{\mathrm{LE}_i > 0} \mathrm{LE}_i$$

称为系统的混沌度，它描述了相空间中一个小体积元在其伸长方向上的平均指数增长率。

由于 Lyapunov 指数是与相空间中在不同方向上轨道旁的收缩和膨胀特征有关的一个平均量，每一个 Lyapunov 指数都可以看作是相空间各个方向上相对运动的局部平均，同时又都是由系统长时间演变决定的。所以，无论从空间还是从时间意义来说，Lyapunov 指数都不是局部量，而是整体的一个统计表示。

对于保守系统，由于相体积守恒，$\mathrm{LE}_i = 0$。对于耗散系统，由于相体积收缩，$\sum_i \mathrm{LE}_i < 0$。所以，耗散系统至少有一个负的 Lyapunov 指数。

对于混沌系统（非线性耗散系统），由于至少有一个方向是发散的，所以：$\mathrm{LE}_1 > 0$。对于随机运动，由于布朗运动使系统的相体积无限膨胀，所以，$\mathrm{LE}_1 \to \infty$。

可见，最大 Lyapunov 指数 $\mathrm{LE}_1 > 0$ 是判断系统的行为是否为混沌的一个很好的物理指标。

一般地，定义最长预报时间为：

$$T_m = \frac{1}{\lambda_1} \tag{4-29}$$

λ_1 为 Lyapunov 指数，表示系统状态误差增加一倍所需要的最长时间，可以作为短期预报的可靠性指标之一。

因此在用支持向量机对岩体工程系统的位移进行预测之前，首先要解决其可预测性问题，即根据混沌时间序列的非线性性质，求出时间序列的 Lyapunov 指数，据此估计最大可预报时间尺度。Lyapunov 指数可按下述步骤求得。

A 重构相空间

一般来说，要直接根据定义来计算 Lyapunov 指数不是一件容易的事。而且，在许多实际的工程问题中，我们所面临的往往是一个变量的时间序列。很显然，系统的非线性特征信息蕴涵在这些序列里，这就提出了如何从实际的时间序列里提取非线性特征物理量的科学问题。为解决该问题，Packara 于 1980 年提出了用时间序列来重构可以容纳吸引子的相空间[99~102]。

对 n 个变量的动力系统

$$\frac{dx_i}{dt}=f_i(x_1, \cdots, x_n) \tag{4-30}$$

可通过变换，使其成为一个 n 阶非线性微分方程

$$x^{(n)}=f(x, x', x''\cdots, x^{(n-1)'}) \tag{4-31}$$

变换后，系统的新轨迹为

$$\boldsymbol{x}=f(x(t), x'(t), x''(t), \cdots, x^{(n-1)'}(t)) \tag{4-32}$$

上式描写了同样的动力学，它在由坐标 $x(t)$ 加上其（$n-1$）阶导数所张成的相空间中演变。

考虑用不连续的时间序列和它的（$n-1$）时滞位移来替代式（4-32）。如

$$\boldsymbol{x}=\{x(t), x(t+\tau), x(t+2\tau), \cdots, x[t+(n-1)\tau]\} \tag{4-33}$$

将时滞 τ 选作时间序列的长时间尺度，将会保证延滞坐标线性无关。τ 足够大时，时间序列的自相关等于零，意味着正交（独立）性。但在实际运用时，τ 的选取往往不会达不到正交（独立）性的要求，而只能以自相关最小为准。

式（4-33）表明，动力系统的吸引子可以被重建在一个未改变它拓扑特征且具有滞后坐标的新的相空间中。Tankens 在 1981 年提出了嵌入原理，表明只要相空间的维数足够大，它就可以刻画 D_0 维的混沌吸引子。

综上所述，我们可以将时间序列（$\{x_i\}$, $i=1, 2, \cdots, n$）延拓成 m 维相空间的一个相型分布。

$$\begin{aligned}
&\text{第一维}: x(t_1), x(t_2), \cdots, x(t_i), \cdots, x[t_n+(m-1)\tau]\\
&\text{第二维}: x(t_1+\tau), x(t_2+\tau), \cdots, x(t_i+\tau), \cdots, x[t_n+(m-2)\tau]\\
&\text{第三维}: x(t_1+2\tau), x(t_2+2\tau), \cdots, x(t_i+2\tau), \cdots, x[t_n+(m-3)\tau]\\
&\qquad\vdots\\
&\text{第}\ m\ \text{维}: x[t_1+(m-1)\tau], x[t_2+(m-1)\tau], \cdots, x[t_i+(m-1)\tau], \cdots, x(t_n)
\end{aligned} \tag{4-34}$$

这里的 $\tau=k\Delta t$（$k=1, 2, 3, \cdots$）为延滞时间。

相空间（4-34）式里的每一列构成 m 维相空间中的一个相点 $x(t_i)$，任一相点 $x(t_i)$ 有 m 个分量：

$$
\begin{gathered}
x(t_1) \\
x(t_1+\tau) \\
x(t_1+2\tau) \\
\vdots \\
x[t_1+(m-1)\tau]
\end{gathered}
$$

这 $n'=n-(m-1)$ 个相点在 m 维相空间里构成一个相型，而相点间的连线描述了系统在 m 维相空间中的演化轨迹。

为保证上述各个坐标分量之间的线性独立性，τ 的取值必须足够大，并使得各分量的相关最小。

B　从单变量时间序列里提取最大 Lyapunov 指数

1985 年 A. Wolf 提出了如何从单变量时间序列里提取最大指数的方法。其方法和步骤如下：

（1）应用时间序列重构 m 维相空间。

（2）选取使各相空间坐标相关性最小的 τ。

（3）在延拓的 m 维相空间里，取初始相点 $A(t_1)$ 为参考点，根据下式求其最近点 $B(t_1)$：

$$L(t_1)=\min(\|X_i-X_j\|) \tag{4-35}$$

式中，$\|\ \|$ 表示在欧式意义上的距离。设在时间 $t_2=t_1+\tau$，$A(t_1)$、$B(t_1)$ 分别演化到 $A(t_2)$、$B(t_2)$，设其间距为：

$$L(t_2)=L(t_1)2^{\lambda_1 k\Delta t}$$

式中，λ_1 表示在此时间内线段的指数增长率，则：

$$\lambda_1=\frac{1}{t_2-t_1}\log_2\frac{L(t_2)}{L(t_1)}=\frac{1}{k}\log_2\frac{L(t_2)}{L(t_1)} \tag{4-36}$$

这里 $\Delta t=1$（单位）。

（4）在 $A(t_2)$ 的若干最邻近点中找出一个能满足 θ_1 角很小的邻近点 $C(t_2)$（若无法满足 θ_1 和近邻二条件，仍以 $B(t_1)$）。设在时间 t_3 时，$C(t_2)$ 发展到 $C(t_3)$，而 $A(t_2)$ 发展到 $A(t_3)$，则

$$\lambda_2=\frac{1}{t_3-t_2}\log_2\frac{L(t_3)}{L(t_2)}=\frac{1}{k}\log_2\frac{L(t_3)}{L(t_2)} \tag{4-37}$$

将上述的过程一直进行到点集 $\{X(t_i),\ i=1,\ 2,\ \cdots,\ n\}$ 的终点，而后取指数增长率的平均值为最大 Lyapunov 指数的估计值，即

$$\mathrm{LE}_1(m)=\frac{1}{N}\sum_{i}^{N}\frac{1}{k}\log_2\frac{L(t_i)}{L(t_i-1)} \tag{4-38}$$

这里的 N 不是相点数，而是发展的总步数，即 $N=\frac{n'}{k}$，k 为步长。

(5) 依次增加嵌入空间的维数 m，重复上述的步骤，直到指数的估计值 $LE_1(m)$ 保持平稳为止，记：

$$LE_1(m_c) = LE_1(m_c + a) = LE_1 \tag{4-39}$$

则此时得到的 LE_1 就是最大的 Lyapunov 指数值。

为了得到一个好的最大的 Lyapunov 指数估计值。必须要求所给定的时间序列有足够的长度。Wolf 认为，这个长度的估计范围为 $10^D \sim 30^D$。这里的 D 吸引子的分维。一般说来，样本数量 n 最好不要小于 10^D 个。

依据上述方法求出时间序列的 Lyapunov 指数后，就可定义时间序列的最长可预报时间。

4.3.2 基于支持向量机的岩体位移时间预测

对于岩体演化的非线性位移时间序列，通过监测获得其位移随时间变化的一个时间序列 $\{x_i\} = \{x_1, x_2, \cdots, x_N\}$，利用支持向量机对这 n 个实测位移的学习可以获得该时间序列的非线性关系。根据支持向量机理论，上述的非线性关系可以用支持向量机对 n 个实测位移的学习来获得，即通过对 $n - p$ 个位移时间序列 $x_i, x_{i+1}, \cdots, x_{i+p-1}$，$i=1, \cdots, n-p$ 的学习来获得位移时间序列之间的非线性关系：

$$f(x_{n+m}) = \sum_{i=1}^{n-p} (\alpha_i - \alpha_i^*) k(X_{n+m}, X_i) + b \tag{4-40}$$

式中，$f(x_{n+m})$ 表示第 $n+m$ 时刻的位移值；X_{n+m} 表示 $n+m$ 时刻前 p 个时刻的位移值，$X_{n+m} = (x_{n+m-p}, x_{n+m-p+1}, \cdots, x_{n+m-1})$；$X_i$ 表示第 $p+i$ 时刻前 p 个时刻的位移值，$X_{p+i} = (x_i, x_{i+1}, \cdots, x_{i+p-1})$，$K()$ 是核函数；α，α^* 和 b 是通过求解如下的二次规划问题获得的。

$$\begin{aligned} W(\alpha, \alpha^*) = &- \frac{1}{2} \sum_{i,j=1}^{n-p} (\alpha_i - \alpha_i^*)(\alpha_j - \alpha_j^*) K(X_i \cdot X_j) + \\ &\sum_{i=1}^{k} x_{i+p}(\alpha_i - \alpha_i^*) - \varepsilon \sum_{i=1}^{n-p} (\alpha_i + \alpha_i^*) \\ &\sum_{i=1}^{n-p} (\alpha_i - \alpha_i^*) = 0 \end{aligned} \tag{4-41}$$

式中，$0 \leqslant \alpha_i \leqslant C$；$0 \leqslant \alpha_i^* \leqslant C$，$i=1, 2, \cdots, n-p$。

依据学习后的支持向量机采用公式（4-21），即可进行岩体演化的位移预测预报。为了提高预测的可靠性，可采用动态的预测方法，即将最新的监测数据不断地加入时间序列中对模型进行修正，每增加一个最新数据，便去掉最前面的一个老数据，保持建模数据个数不变。每测到一个新数据就让支持向量机再次学习，计算出支持向量，重新建立模型进行预测，从而使得预测模型成为一个动态的预测模型，它始终能够反映岩体运动非线性动力学的最新变化趋势。利用

Matlab 语言编制成基于支持向量机的预测软件，具体计算步骤如下：

（1）重构相空间。从单变量时间序列里提取最大 Lyapunov 指数，从而确定非线性动力模型的最长可预报时间。

（2）选取适当的支持向量机模型。运用支持向量机来做预测研究时，通过机器学习和拟合精度好的模型参数并以此来检验样本做出预测以测试这个模型的可靠度，从理论上讲，拟合精度高的模型其预测精度也应当好，这是机器学习和预测的前提条件。支持向量机建模精度的影响因素有 3 个，即核函数类型及其参数取值、损失函数类型及其参数取值和 C 的取值。

1）核函数的选择。核函数除了上面介绍的 3 种函数外，还有多层感知器核、Fourier 级数核、B-样条核等多种。从这些核函数中选择一个最好的核函数，方法之一是通过比较各种核函数的 VC 维的上界，但这种方法要在非线性特征空间计算包含数据的超平面的半径。通常采用的方法是交叉验证法来选择核函数。

2）参数的选择。若有足够的数据采用交叉验证法，便可得到核的参数。

3）损失函数的选择。损失函数主要根据实际模型的特点来选择，例如 ε 不敏感损失函数具有稀疏性，而最小二乘误差准则、最小模损失函数和 Huber 损失函数等则不具有稀疏性。

文献［118］研究了支持向量机参数对模型精度的影响，结果表明采用 RBF 核函数，$\varepsilon=0$，$C=\infty$，$\sigma=1$ 是精度最高的支持向量机模型参数，此时拟合精度较高。

（3）如式（4-21）所示，初始 m 个样本点进行支持向量机学习，建立系统模型。

（4）根据需要预测 n 步数据 $y_p(m+1)$，$y_p(m+2)$，…，$y_p(m+n)$。

（5）计算实时采集的数据 $y(m+1)$，$y(m+2)$，…，$y(m+n)$ 的误差 $e(m+1)$，$e(m+2)$，…，$e(m+n)$。

（6）如果 $e<\delta$（δ 为允许误差），则转回步骤（3）。

（7）将采集到的数据添加到在步骤（2）中计算出的支持向量集合，并重新学习建立模型。

（8）转入步骤（3）。

4.4　岩体演化失稳的突变分析

通过支持向量机可以预测一定时间范围内的岩体演化的位移时间序列，对该时间序列进行稳定性分析，从而可以反映岩体的稳定性。由于工程岩体的失稳破坏是一个突变过程，因而可以用突变理论来分析和解释岩体的失稳破坏机理[149,150]。

4.4.1　岩体演化失稳的尖点突变方程

由于位移观测值随时间而变化，此时所研究的岩体系统的位移值可用某一连

续的函数 $S=f(t)$ 来表示这种变化，t 为加载时标，将函数进行泰勒级数展开，依据斋藤所作的试验动态曲线可知，用三阶的动力学模型描述位移变化是足够精确了，所以拟合岩体位移-时间曲线时截取至 4 次项，则：

$$S = \sum_{i=1}^{4} a_i t^i \tag{4-42}$$

式中，$a_i = \sum_{i=1}^{4} \frac{\partial^i f}{\partial t^i}$。

令 $t \to x - \frac{a_3}{4a_4}$，则可将式（4-42）化成尖点突变的标准势函数形式：

$$V(x) = x^4 + ux^2 + vx$$

式中

$$\begin{cases} u = \frac{a_2}{a_4} - \frac{3a_3^2}{8a_4^2} \\ v = \frac{a_1}{a_4} - \frac{a_2 a_3}{2a_4^2} + \frac{a_3^3}{8a_4^3} \end{cases} \tag{4-43}$$

平衡曲面方程 M 为：

$$\frac{\partial V}{\partial x} = 4x_0^3 + 2ux_0 + v \tag{4-44}$$

根据尖点分叉集理论，得到分叉集方程为：

$$\Delta = 8u^3 + 27v^2 = 0 \tag{4-45}$$

显然，只有当 $u \leqslant 0$ 时，系统才有跨越分叉集的可能，所以 $u \leqslant 0$ 是系统发生突跳的必要条件。当控制变量 u、v 满足分叉集方程（4-45）时，系统处于突跳前的临界状态，上式即为岩体系统突发失稳的临界条件和充要判据。突变特征值 Δ 的大小可以作为岩体演化状态与临界状态的距离。尤辉等人[76] 对滑坡失稳前的突变特征值 Δ 进行了研究，证实滑坡发生时，Δ 会出现突降至近 0 值。因此可将突变特征值 Δ 作为表示岩体系统稳定程度的物理指标。

如图 4-2 所示，用具有折叠翼的平衡曲面来描述尖点突变模型。三维空间的坐标分别为控制变量 u，v（平面坐标）和状态变量 x（垂直坐标）。从 B 点出发，随着控制变量的连续变化，系统状态沿路径 B 演化到 B'，状态变量连续变化，不发生突变；而从 A 点出发沿路径 A 演化，当接近折叠翼边缘时，只要控制变量有微小的变化，系统状态就会发生突变，从折叠翼的下叶跃迁到折叠翼的上叶。对于岩体失稳过程而言，是一个状态变量突然增大，岩体势能突然降低的过程。路径 A 代表了一个岩体失稳的孕育演化过程，随着控制变量的变化，岩体系统跨越分叉集（$D=0$）时，状态变量（位移值）发生突变从而导致岩体失稳。

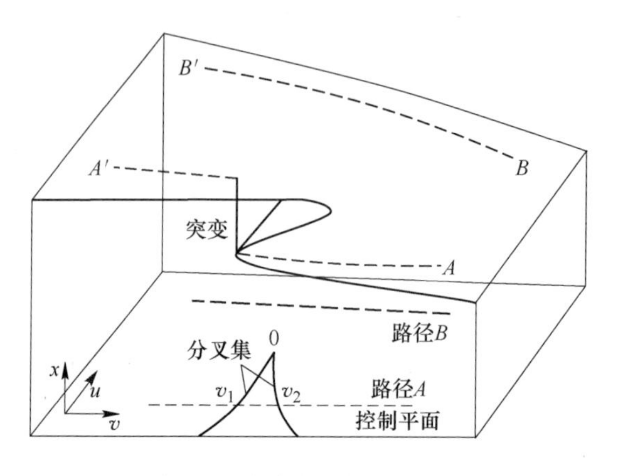

图 4-2　尖点突变模型示意图

4.4.2　工程应用——卧龙寺新滑坡突变分析

卧龙寺新滑坡是一个塬边黄土滑坡，1971 年发现裂缝，从该年 3 月 11 日起对其进行变形观测至 5 月 5 日其产生剧滑，其 5 号裂缝的变形时序见文献［10］。本节介绍用支持向量机对其进行预测，其中后 10 个数据用于检测支持向量机的预测能力。

对训练集中的前 51 组数据采用小数据量的方法计算出时间序列的最大 Lyapunov 指数 $\lambda_1=0.0083$，表明该时间序列的最长可预报时间为 $1/\lambda_1=120$ 天。

学习样本集确定以后，位移预测模型的建立主要是选择相应的支持向量机参数：核函数和惩罚参数 C，它们对预测结果影响很大，它们的合理确定直接影响到有很多应用模型的精度和推广能力。由于径向基函数具有良好的学习能力[119]，对于非线性模型来说经常采用 RBF 函数作为核函数，也选择径向基函数，即

$$K(x,\ y)=\exp\left(-\frac{\|x-y\|^2}{2\sigma^2}\right)\tag{4-46}$$

对于径向基函数来讲，需要选择核的宽度 σ 和正则化参数 C。选择核的宽度和正则化参数通常有如下几种方法，即交叉验证法、自举法、从统计学习理论导出 VC 维的界和贝叶斯法等。选取参数采用交叉验证法，即选择几组不同的 C 值和 σ 值，从训练集中的训练数据推导出支持向量值，选择其中使确认集中数据错误最小的那一组 C 和 σ 作为模型的参数。经过比较，选取参数 $C=\infty$，$\sigma=1$。

支持向量机回归中的损失函数通常有二次损失函数（最小二乘损失函数）、最小模损失函数（拉普拉斯函数）、Huber 损失函数和 ε 不敏感损失函数，但 ε 不敏感损失函数等损失函数可以引出在模式识别中用到的相同简单的优化问题，同时 ε 不敏感损失函数具有稀疏性，因此本文采用 ε 不敏感损失函数，ε 取 0。

预测过程中，为提高预测准确性，应充分利用最新的信息，因而采用动态预测的方法，即将最新观测数据加入时间序列中进行下一步的预测。用该模型对后10个数据（如表4-1所示）进行预测，预测结果如图4-3所示，由此可看出该模型预测精度较高，效果良好。

表4-1 用于检验的位移观测数据

序号	监测值/mm	预测值/mm	绝对误差/mm	相对误差/%
1	26.0	27.1	1.1	4.2
2	27.0	26.7	-0.3	-1.1
3	28.2	28.4	0.2	0.7
4	30.0	29.1	-0.9	-3.0
5	31.0	29.4	-1.6	-5.3
6	32.0	32.7	0.7	2.2
7	33.0	34.1	1.1	3.3
8	42.0	40.5	-1.5	-3.6
9	47.0	45.4	-1.6	-3.4
10	61.0	48.7	-12.3	-20.1

将时间序列数据代入突变方程计算出突变特征值Δ，其变化曲线如图4-4所示。由图4-4可看出滑坡前突变特征值Δ明显降低并接近于零，即在斜坡演化过程中，随着控制变量的变化，斜坡跨越分叉集时，状态变量（位移值）发生突变从而导致滑坡。这与现场实际较为一致。

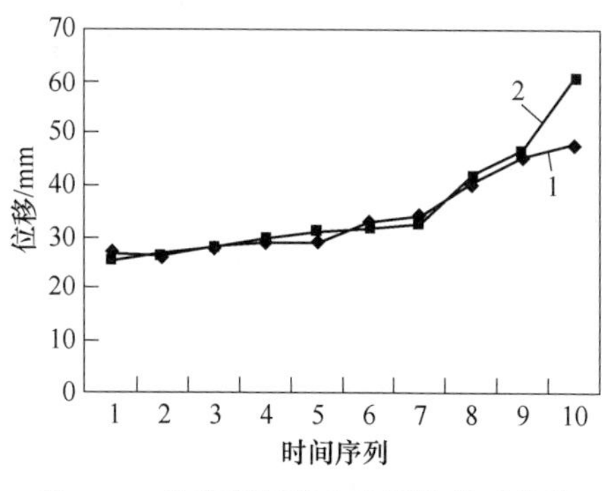

图4-3 位移预测值和监测值关系曲线
1—预测值；2—监测值

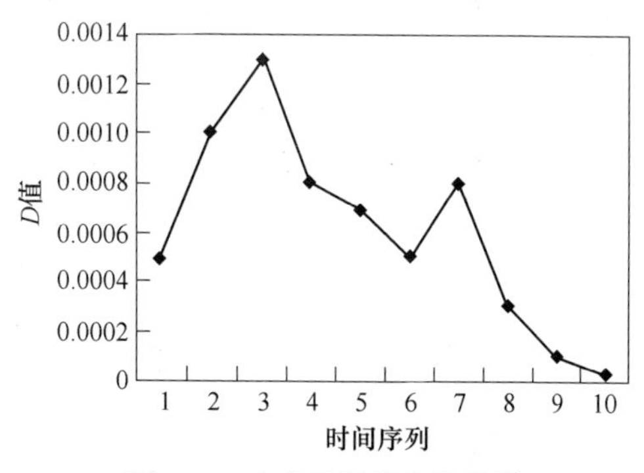

图4-4 突变特征值变化曲线

从表4-1可看出，边坡突发失稳前的位移预测精度较高，但在近突变点处，预测精度明显偏低，这表明滑坡发生失稳时的位移变化不再符合由以前的位移观测数据确定的位移变化规律。因此突变点处的位移预测有待进一步的研究。

第 5 章　基于位移突变的岩体稳定数值模拟分析

5.1　强度折减法

基于支持向量机或其他统计模型进行岩体的稳定性预测预报是根据较长时间收集到的监测资料（一般不少于 30 个测点），用机器学习以及统计回归等方法建立的监控模型，因而需要有长期的观测数据。该方法用过去范围的统计资料进行预报效果较好，如用于超过过去统计资料条件，预报效果较差，如过去是在低水位情况下建立的统计模型，要预报高水位情况下的监测值，其误差可能较大[83]。

针对岩体工程特别是地下工程的隐蔽性和预见性差的特点，在工程岩体开挖之前，就应依据已有的地质勘测和试验资料对其安全稳定性进行提早和超前预报，为即将进行的开挖施工决策提供依据，因此，按照设计要求用有限元等数值分析方法计算建筑物重要部位的效应量，即能表征建筑物和基础性状的效应量及其在外界条件作用下的变化幅度，如大坝顶部和基础的垂直和水平位移以及坝踵和坝址应力这些计算值可作为预报值。当系统处于极限平衡状态，表示它由一种平衡状态向另一种平衡状态的转变，也即系统的状态发生了突变。突变性判据认为，任何能够反映系统状态突变的现象（如位移或位移速率突然变大、屈服区连通等）都可以作为失稳判据。

本章应用有限元数值分析方法计算开挖施工的加卸载过程中岩体关键部位的位移变化，利用数值分析方法以模拟岩体在不同强度和荷载组合条件下向极限平衡状态的演化过程，并应用尖点突变理论，分析岩体工程的稳定性。

5.1.1　强度折减法的基本原理

强度折减法的基本原理是将岩体强度参数等比例地减小，计算在不同强度条件下的岩体位移变化，对关键点的位移时间序列进行尖点突变分析。即将黏聚力 c 和内摩擦角 φ 值同时除以一个折减系数 F，

$$c' = \frac{c}{F}$$

$$\varphi' = \arctan\left(\frac{\tan\varphi}{F}\right) \tag{5-1}$$

得到一组新的 c'、φ'值，然后作为新的资料参数输入，得到在该级强度下的位移场，重复这一步骤，得到多级强度条件下的位移场。选取关键部位在每级强度下的位移值，拟合成岩体位移-强度折减系数曲线的泰勒级数形式，截取至 4 次项，则

$$S = \sum_{i=1}^{4} a_i t^i \tag{5-2}$$

式中，$a_i = \sum_{i=1}^{4} \frac{\partial^i f}{\partial t^i}$，令 $t \to x - \frac{a_3}{4a_4}$，则可将式（5-2）化成尖点突变的标准势函数形式：

$$V(x) = x^4 + ux^2 + vx \tag{5-3}$$

式中

$$u = \frac{a_2}{a_4} - \frac{3a_3^2}{8a_4^2}$$

$$v = \frac{a_1}{a_4} - \frac{a_2 a_3}{2a_4^2} + \frac{a_3^3}{8a_4^3}$$

平衡曲面 M 方程为：

$$\frac{\partial V}{\partial x} = 4x_0^3 + 2ux_0 + v \tag{5-4}$$

根据尖点分叉集理论，得到分叉集方程为：

$$\Delta = 8u^3 + 27v^2 \tag{5-5}$$

式（5-5）即为岩体位移突发失稳的充要判据。当 $\Delta>0$ 时位移处于稳定状态；$\Delta=0$ 时，则处于稳定与非稳定的临界状态；$\Delta<0$ 时，则处于不稳定状态。上述状态可间接反映岩体的稳定性，由此根据位移的稳定性来判别岩体工程的稳定性。

显然，只有当 $u\leqslant 0$ 时，系统才可能跨越分叉集发生突变。

5.1.2 工程算例

一高边坡的地层岩性为白云质灰岩，初始应力场按自重应力场考虑，假定在平面应变状态下进行弹塑性分析，采用 Drucker-Prager 屈服准则，其强度和物理力学参数如表 5-1 所示。

表 5-1 岩体强度及物理力学参数

岩　性	容重 $\gamma/\mathrm{kN\cdot m^{-3}}$	弹性模量 E/GPa	泊松比 μ	摩擦角 $\varphi/(°)$	黏聚力 c/MPa	抗拉强度 σ_t/MPa
白云质灰岩	24.30	17	0.26	32	0.65	0.75

边界条件为左侧竖直边界受水平约束，底部受垂直约束，剖分时在潜在滑动面附近加密网格，计算范围和有限元计算网格如图 5-1 所示。

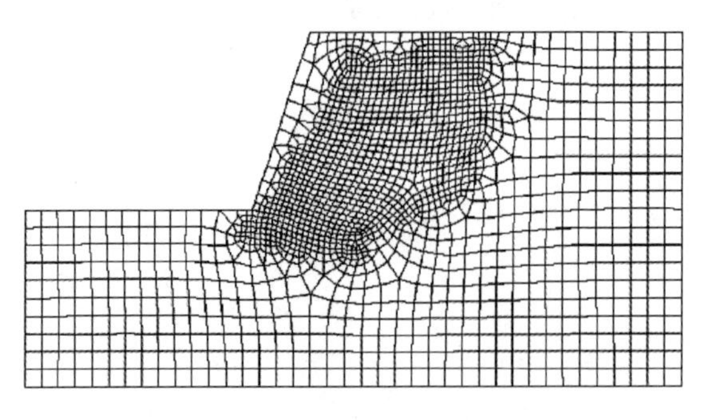

图 5-1　有限元计算网格图

在计算过程中折减系数 F 取值从 1 开始，依次递增 0.1，将经过折减的岩体强度参数代入有限元程序进行计算，得到不同强度条件下的位移场，在计算平面的坡顶、坡中和坡脚处选取三个节点的位移序列进行分析，位移变化如图 5-2 所示。从图中可以看出在强度变化较小时坡脚处位移也较小，然而随着边坡岩体向失稳状态演化，坡脚处位移明显比坡中和坡顶点大，且变化速率较快。实际上，在边坡工程中，一般而言，均质岩体的失稳多从坡脚处开始，邻近破坏时，该区域的位移也往往是最大，因此认为该处是边坡体的关键部位，该点的位移值也最具代表性，因而选取坡脚点的位移值进行突变分析。

将每次得到的坡脚位移值代入位移时间序列中拟合成式（5-2）的级数形式，再依据式（5-3）~式（5-5），算出突变特征值。

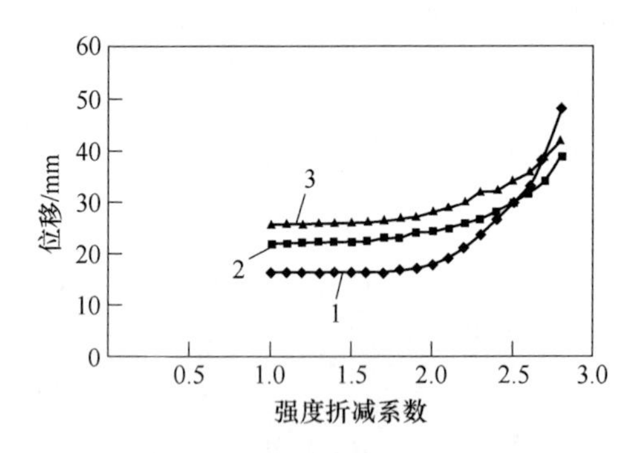

图 5-2　位移随时间变化曲线
1—坡脚；2—坡中；3—坡顶

将坡脚处最后九个点的位移值代入突变特征方程（5-5），求得不同强度条件时的突变特征值。突变特征值演化曲线如图 5-3 所示。

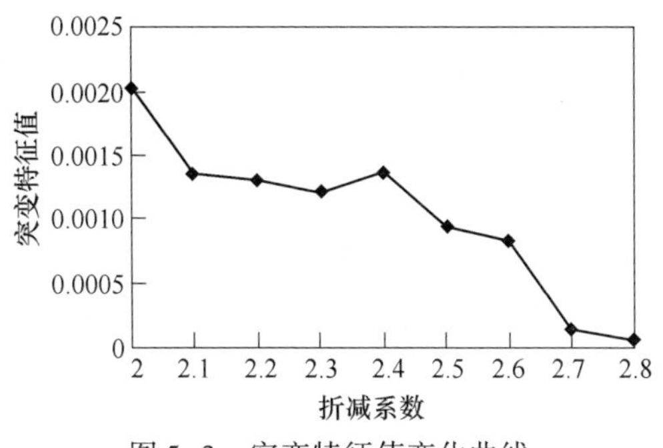

图 5-3 突变特征值变化曲线

由式（5-5）可以得到当折减系数 F 取2.8时，突变特征值 $\Delta=1.366875\times10^{-6}$，接近0，边坡体将可能失稳。

采用极限平衡法和有限元强度折减法与本模型进行对比分析，以验证模型的有效性和适用性。

极限平衡法由于其原理简单，便于工程应用，能给出边坡稳定分析定量评价值，因而是目前国内外在边坡稳定评价中应用最为广泛的分析方法。特别是在过去的半个世纪，随着计算机和计算技术的发展，这种方法逐步从一种经验性的简化方法发展成为一个具有完整的理论体系的、成熟的分析方法[136~140]。本书利用其中的简化毕肖普法算出该边坡的安全系数。

由于该算例边坡岩体均匀，未考虑节理裂隙影响，因此该边坡的破坏模式按圆弧形破坏形式计算，算得边坡的安全系数为2.58，破坏面如图5-4所示。

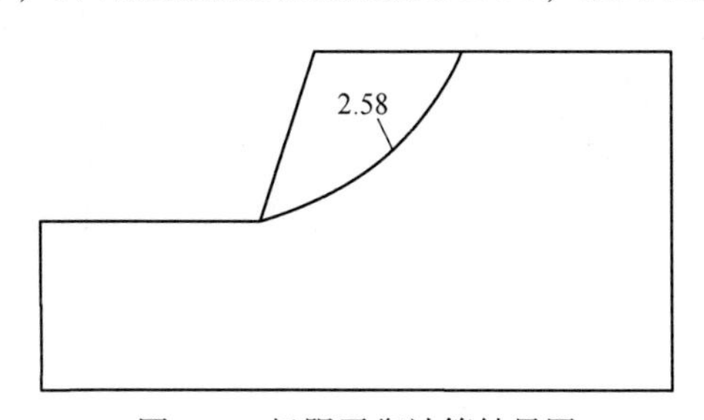

图 5-4 极限平衡计算结果图

同时采用有限元强度系数折减法对该算例边坡进行了分析。计算采用与前面相同的网格单元，屈服准则仍然选用 Drucker-Prager 准则，当 $F_{trial}=2.9$ 时，计算过程已不收敛，当 $F_{trial}=2.8$ 时边坡体塑性区范围已经较大，如图5-5及书后彩图5-5所示，因此边坡的安全系数为2.8~2.9。

三种结果比较分析表明，位移的突变模型与有限元强度折减法所得结果基本接近，而与极限平衡法所得的安全系数也仅相差8%，这说明位移突变模型在评价边坡稳定性时所得结果与目前常用的评价方法是基本一致的。

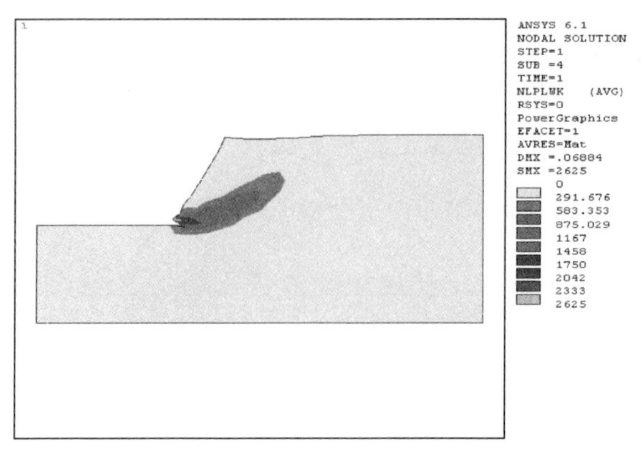

图 5-5　$F=2.8$ 时边坡塑性区范围

5.2　变载荷法

5.2.1　载荷增加法的基本原理

工程岩体及其上建筑物通常受到多种载荷作用，某些载荷有时随时间而发生变化。不同的载荷组合在工程岩体中将产生不同的位移效应量，利用数值方法模拟工程岩体在各种载荷作用下的位移变化，通过对位移场的稳定分析从而分析岩体的稳定性。

对大坝而言，通常受水荷载、自重荷载、扬压力、温度荷载等多种载荷作用，其中水荷载是对坝体影响较大的一种荷载，且随着水位的变化而变化，同样温度荷载等也随着环境的变化而变化，因此随着水位、温度的变化，坝体所受载荷是经常发生变化的，因而位移场也随之发生变化。在有限元分析的基础上，得到每级荷载下关键部位的位移值，通过拟合每级荷载下的位移数据，建立位移突变模型，进而分析其稳定性。

依据和前面同样的方法，选取关键部位在每级荷载下的位移值，拟合成岩体位移-加载时标曲线的泰勒级数形式，截取至 4 次项，通过变量代换等得到分叉集方程为：

$$\Delta = 8u^3 + 27v^2 = 0 \tag{5-6}$$

显然，只有当 $u \leqslant 0$ 时，系统才有跨越分叉集的可能，所以 $u \leqslant 0$ 是系统发生突跳的必要条件。当控制变量 u、v 满足分叉集方程（5-6）时，系统处于突跳前的临界状态，上式即为岩体系统突发失稳的临界条件和充要判据。

5.2.2　工程算例

采用有限单元法计算混凝土重力坝坝踵处的位移变化。计算采用二维的平面应变分析模型，混凝土及岩石均采用各向同性的弹塑性模型，材料的屈服准则为 Drucker-Prager 准则。不同材料的物理力学参数如表 5-2 所示。

表 5-2 材料的物理力学参数

材料	弹性模量 E/GPa	容重 γ/kN · m^{-3}	泊松比 μ	黏聚力 c/MPa	内摩擦角 φ/(°)
混凝土	26	24.5	0.167	3.0	47
岩石	35	27	0.22	2.0	59

重力坝坝高 100m，模拟范围为坝轴线的垂直平面，向上游延伸一倍坝高，向下游延伸两倍坝高，建基面以下一倍坝高。基岩左右两侧均受水平向约束，底部为刚性约束，采用四边形单元，共剖分单元 1288 个，有限元网格见图 5-6。

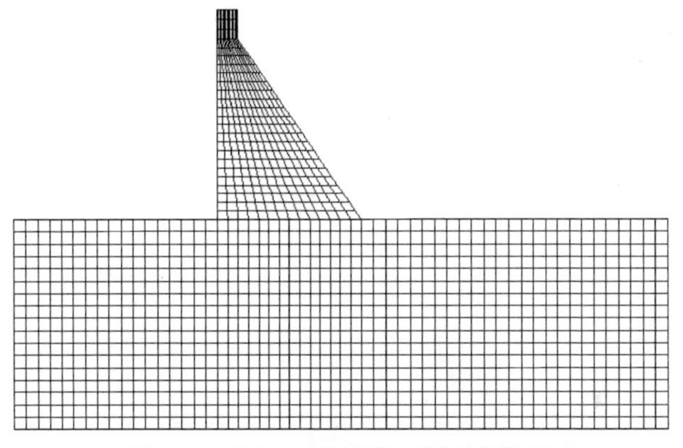

图 5-6 坝体-基岩有限元计算网格图

假设坝体和基岩仅受重力、水压力和扬压力作用，计算中为模拟水位的逐渐变化，初始水位 20m，每次水位升高 3m 直至坝顶面，坝踵处的位移值见图 5-7。

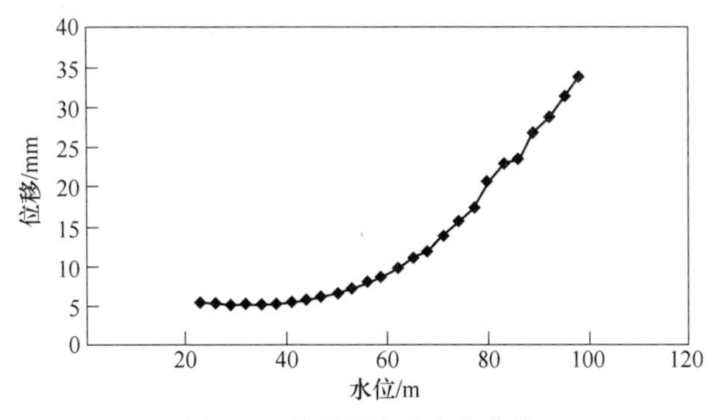

图 5-7 位移随水位变化曲线

将坝踵处的位移拟合成级数形式，并代入式（5-1）和式（5-2），可得尖点分叉集方程。根据尖点突变分叉集方程有 $u=0.021325$，$v=0.000225$，所以突变

特征值 Δ 大于 0。因此在所考虑的荷载范围内坝踵处的位移是稳定的，由于坝踵处是坝体–基岩系统中最具代表性的破坏点，因而可以间接认为该坝体–基岩系统整体稳定。

为验证模型的有效性，同时采用基于塑性极限平衡理论的弹塑性极限平衡法研究该坝体–基岩的整体稳定性。该法以逐渐降低材料强度来逼近系统的极限平衡状态，以塑性区的贯通表示系统的临界失稳状态，无须事先确定滑裂面，适合于复杂基岩的稳定分析[147]。

利用相同的有限元分析模型，根据初始强度计算最高水位时坝体–基岩系统，该系统此时没有出现塑性区，逐渐降低坝体和基岩强度参数，当材料强度降为原有强度的1/3.1时，塑性区范围较大已近于贯通（如图5–8以及书后彩图5–8所示），系统已接近破坏。这说明该坝体–基岩系统有较大的安全储备，在正常情况下能保持整体稳定性。

因此，位移突变模型所得结论与有限元分析结果一致。

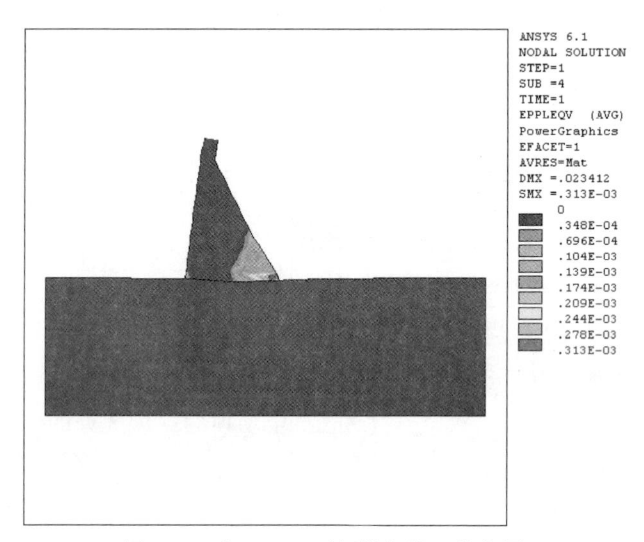

图 5–8　当 $k=3.1$ 时坝体塑性区分布图

第6章　支持向量机和模拟退火算法的位移反分析理论及应用

6.1　基于支持向量机和模拟退火算法的位移反分析理论

位移量是描述物体受力变形形态的一类重要的物理量，目前已被用作反演确定初始地应力和地层材料特性参数的主要依据，为理论分析（特别是数值分析）在岩土工程中的成功应用提供了符合实际的基本参数。位移反分析法按照其采用的计算方法可分为解析法和数值方法。数值方法按实现反分析的过程不同又可以分为逆解法、图谱法和直接法三类。其中直接法又称为直接逼近法，也称优化反分析法，它把参数反分析问题转化为一个目标函数的寻优问题，直接利用正分析的过程和格式，通过迭代计算，逐次修正未知参数的试算值，直到获得“最优值”。最优化方法是进行位移反分析的有力工具，目前已有多种优化方法用于位移反分析，解决问题的范围也日渐广泛，但其计算工作量大，解的稳定性差，易陷入局部极小值，特别是待定参数的数目较多时，费时且收敛速度缓慢，不能保证搜索收敛到全局最优解。另一方面在目标函数的优化求解过程中，每次参数调整均需进行有限元计算。如果能建立一种待定参数与位移之间的函数关系，代替上述有限元计算，计算效率将大为提高。为此本章采用支持向量机和模拟退火算法进行位移反分析的研究与应用。

6.1.1　岩体力学参数与岩体位移非线性映射关系确定的支持向量机模型

由于岩体结构的复杂性，岩体力学参数与岩体位移之间的关系很难用显式数学表达式来描述，所以本章拟用支持向量机来描述岩体力学参数与岩体位移之间的映射关系。

为了建立岩体力学参数与岩体位移之间的非线性映射关系，需要给出一组样本模式对支持向量机模型进行训练，用来训练的样本可以通过数值计算方法获得。为了减少计算量和试验次数，用较少的样本较高效地训练支持向量机，采用正交试验设计的思想来安排不同参数组合的有限元计算。这样可以使得试验点安排得比较均匀且具有代表性，从而能以较少的试验得出较好的试验结果。关于支持向量机的基本原理前面已经论述，这里不再赘述。

6.1.2　模拟退火算法基本原理

模拟退火反演算法属于直接反演，它是一种非线性反演，其优点在于能避免使反演陷入目标函数的局部极小。算法的思想来源于模拟液体冷却而结晶时的物理状态。在金属热加工工艺中，退火是指将金属材料加热到某一高温状态，然后让其慢慢冷却下来的金属热处理过程。从统计热力学的观点来说，随着温度的降低，物质的能量将逐渐趋近于一个较低的状态，并最终达到某种平衡。模拟退火算法（Simulated Annealing）就是基于金属退火的机理而建立起来的一种全局最优化方法，它能够以随机搜索技术从概率的意义上找出目标函数的全局最小点[7~9]。模拟退火算法的构成要素如下：

（1）搜索空间 Ω。搜索空间也称为状态空间，它由可行解的集合所组成，其中一个状态 x 就代表一个可行解。

（2）目标函数 $F(x)$。目标函数也就是需要进行优化设计的目标函数，其最小点为所求的最优解。

（3）状态转移规则 P。状态转移规则是指从一个状态 x_{old}（一个可行解）向另一个状态 x_{new}（另一个可行解）转移的概率，常采用 Metropolis 接受准则。

（4）温度下降规律 t_k。指从一个高温状态 T_0 向低温状态冷却时的降温规则。

假设第 k 步迭代时温度用 t_0 来表示，则经典模拟退火算法的降温方式为：

$$t_k = \frac{T_0}{\lg(1 + k)} \tag{6-1}$$

在实际应用中，为计算简便起见，常用下式来进行温度管理：

$$t_k = \alpha \cdot t_{k-1} \tag{6-2}$$

式中，α 为略小于 1.0 的系数，参考值为 $0.85<\alpha<0.98$。

图 6-1 所示为某一目标函数的描述图形。如果搜索过程陷入局部最优点 A，若要使搜索过程脱离这个局部最优点而达到点 C，则必须使系统至少要具有点 B 所对应的能量。即允许目标函数在一定时间内可能有所增大。

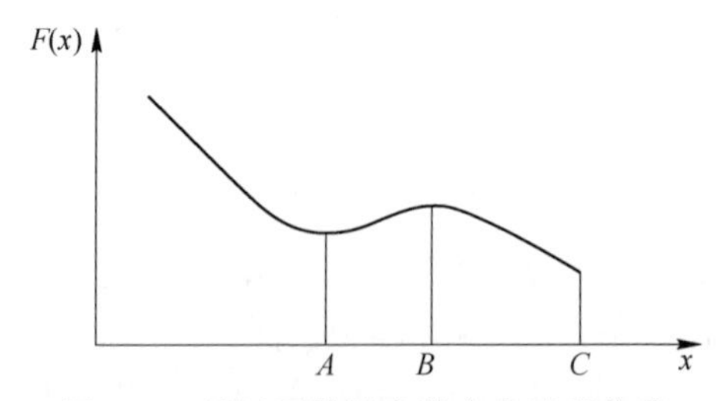

图 6-1　目标函数随参数变化过程曲线

假设在状态 x_{old} 时，系统受到某种扰动而可能会使其状态变为 x_{new}，与此相应，系统的目标函数也可能会从 $F(x_{old})$ 变成 $F(x_{new})$。系统由状态 x_{old} 变为状态 x_{new} 的接受概率可由下面的 Meteopolis 规则来确定：

$$p=\begin{cases}1 & \text{当} F(x_{new}) < F(x_{old}) \\ \exp -\dfrac{F(x_{new})-F(x_{old})}{T} & \text{当} F(x_{new}) \geqslant F(x_{old})\end{cases} \tag{6-3}$$

式（6-3）的含义是：当新状态使系统的目标函数值减少时，系统一定接受这个新的状态；而当新状态使系统的目标函数值增加时，系统也以某一概率接受这个新的状态。可以这样来实现，生成一个［0，1］间均匀分布的随机数 η，如 $\eta<\exp\left(-\dfrac{E(x)}{T}\right)$，则以新状态 x_{new} 取代 x_{old} 作为当前状态，否则仍保留 x_{old} 作为当前状态。

固定温度参数，反复进行状态转移过程，接受概率将服从分布：

$$p(x)=\frac{1}{Z}\exp\left(-\frac{E(x)}{T}\right) \tag{6-4}$$

式中，Z 是使概率值正规化的系数。由上式可见，随着温度参数的减小，接受概率也逐渐减小，即目标函数增大的可能性也逐渐减小，最后系统会收敛于某一目标值最小的状态，该状态就可作为目标函数的全局最小值。

6.1.3　基于支持向量机和模拟退火算法的位移反分析

用优化方法进行位移反分析的实质就是寻找一组待反演的参数使与之相应的位移值与实测位移值逼近的方法。目标函数可取为以下形式：

$$F(X)=\sum_{i=1}^{n}(f_i(X)-u_i)^2 \tag{6-5}$$

式中，(X) 为一组待反演参数，如弹性模量、内聚力和内摩擦角等；$f_i(X)$ 为岩体上第 i 个量测点发生的位移量的计算值；u_i 为相应的位移量的实测值；n 为位移监测点总数。

据此，利用 Matlab 语言工具箱编写了位移反分析计算程序，具体步骤如下：

（1）依据实际问题，确定岩体力学参数的取值范围，并依据正交试验设计原理构造计算方案。

（2）采用有限元法对构造的每一个方案进行计算，并将每个计算方案与对应的位移值构成一个样本对。

（3）利用支持向量机对上面的样本进行学习和检验，调整相应的结构参数，建立待反演岩体力学参数与位移之间的非线性映射关系。

（4）选择合适的退火策略，给初始温度以足够高的值，并设置循环，计步数初值为 1。

（5）随机给定初始状态（即力学参数的初始值），以它作为当前最优点，代入支持向量机模型预测出对应的位移值，并计算出相应的目标函数值。

（6）对当前最优点作一随机变动，产生一新的最优点，代入支持向量机模型预测出位移值和新的目标函数值，并计算目标函数的增量 Δ。

（7）如果 $\Delta<0$，则接受该新产生的最优点为当前最优点；如果 $\Delta\geq0$，则以概率 $p=\exp(-\Delta/T)$ 接受该新产生的最优点为当前最优点。

（8）如果迭代次数小于终止步数，则转向步骤（4）继续迭代。

（9）如果未达到冷却状态，则降低温度，转向步骤（6）；如果达到冷却状态，则输出当前的最优点，计算结束。

计算流程图见图 6-2。

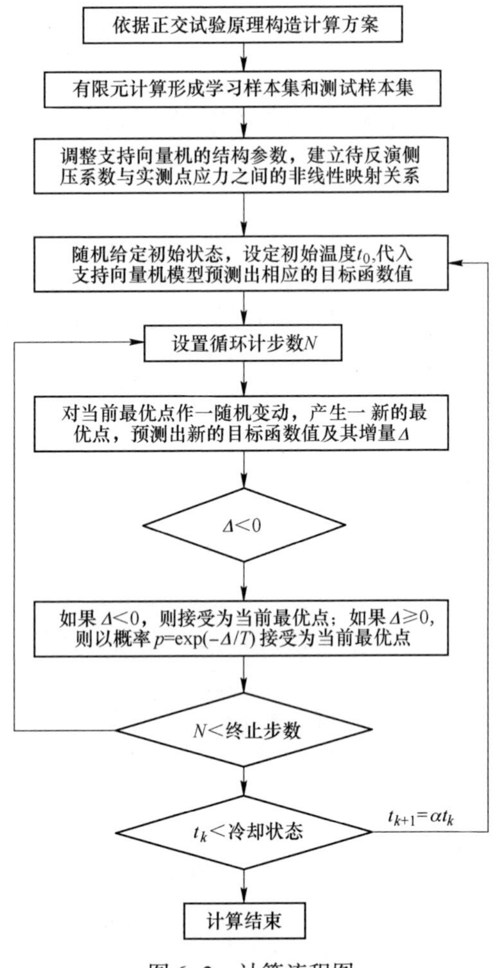

图 6-2　计算流程图

6.1.4　工程算例

设某边坡岩体由单一岩性组成，相应的物理力学参数为：容重 $\gamma=26\text{kN/m}^3$，弹性模量 $E=4\text{GPa}$，泊松比 $\mu=0.30$，黏聚力 $c=0.6\text{MPa}$，摩擦角 $\varphi=40°$。初始应力场按自重应力场考虑，屈服条件采用 Drucker-Prager 准则，假定在平面应变状态下分析。有限元网格如图 6-3 所示。在边坡体中选取 5 个测点，对于每一个样本利用有限元法计算测点的位移全量作为实测值进行位移反分析。5 个点的相应坐标为测点 1（300.00，200.00）、测点 2（360.00，400.00）、测点 3（328.57，295.24）、测点 4（385.66，231.93）、测点 5（423.53，271.70）。

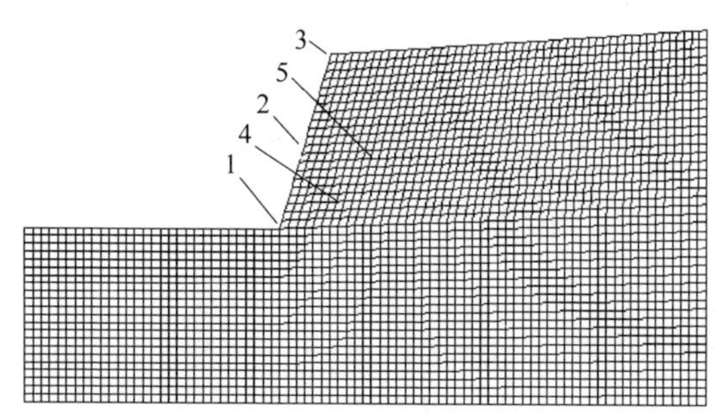

图 6-3 有限元计算网格图

作为示例，本文只反分析岩体的抗剪强度参数 c、φ，对每个参数取 5 个水平，给出 25 个不同的参数组合。其中的 20 组数据作为学习样本，另 5 组数据作为测试样本检验支持向量机的预测效果。在模拟退火优化计算中，共进行 7200 次迭代，得到目标函数最小值为 127.60，与该最小目标函数值对应的参数，即为本次反演过程得到的最优参数值。反分析结果如表 6-1 所示。目标函数值随迭代次数变化如图 6-4 所示。

表 6-1 位移反分析结果与理论值比较

反演参数	反演值	理论值	绝对误差	相对误差/%
c/MPa	0.572	0.6	0.028	4.67
φ/(°)	37.11	40	2.89	7.24

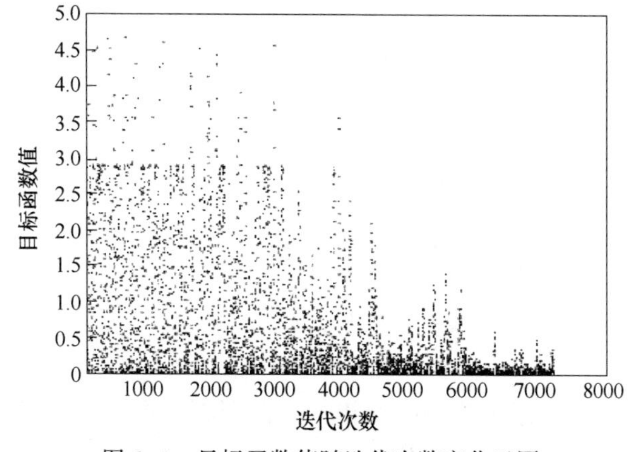

图 6-4 目标函数值随迭代次数变化云图

6.2　工程应用

6.2.1　工程应用——索风营水电站地下硐室开挖

6.2.1.1　工程概况

索风营水电站位于贵州省修文县和黔西县交界的乌江中游六广河段上，是乌江干流规划选定方案中的第二级。上游和东风水电站相接，相距35.5km；下游和乌江渡水电站相接，相距74.9km。

工程的主要任务是发电。电站装机容量600MW，年利用小时3352h，年发电量20.11亿千瓦小时。电站枢纽由碾压混凝土重力坝，坝身泄洪表孔及消力池，右岸引水系统及地下厂房等主要建筑物组成。最大坝高121.8m，三洞三机供水方式，洞径9.9m，地下厂房尺寸为135.5m×24m×58.405m，安装3台200MW水轮机组，主变洞尺寸为75m×15.3m×21.715m。

索风营水电站右岸地下厂房洞室群位于坝轴线下游约50m处的右岸山体内，轴线方位N68°E，与岩层走向基本平行，所处地层顶拱部位为T_{1y}^{2-3}厚层、中厚层块状灰岩，其余为T_{1y}^{2-3}中厚层夹薄层灰岩；围岩类别为Ⅱ～$Ⅲ_1$类，稳定性较好；在平行主厂房下游侧布置主变洞，两洞间轴线距60m左右，以母线洞兼交通廊道相连。主变洞所处岩层大部分为T_{1y}^{2-2-1}薄层灰岩及T_{1y}^{2-1-3}薄层、极薄层灰岩，其夹层发育，围岩类另为$Ⅲ_2$类，稳定性较差。尾水隧洞所处岩层大部分为T_{1y}^{2-1-3}薄层、极薄层灰岩，其夹层发育，围岩类别为$Ⅲ_2$类，稳定性较差。

主厂房由安装间、主机间和左副厂房组成，总长135.5m，高58.405m，宽24m。主变洞长75m，高21.715m，宽15.3m。尾水系统为单元出水，洞轴线间距24m。尾水管水平长度44.5m，底板高程731.31m，后接9m×15m、衬砌厚度1.2m的城门洞形隧洞。

洞室群开挖分8步进行，开挖次序依次为A、B、C、D、E、F、G、H（如图6-5所示），硐室开挖历时14个月。每步开挖前在相关部位布设了多点变位计进行位移跟踪观测，积累了相关的位移观测数据，现根据这些相关数据进行岩体力学参数的反分析研究。

6.2.1.2　材料分区与测点选择

根据计算范围内岩体的分区及层间错动带，需要反演的参数有14个，它们是：

厚灰岩块状结构T_{1y}^{2-3}的岩体弹性变形模量E_1；

中厚夹薄层状灰岩T_{1y}^{2-2-2}的岩体弹性变形模量E_2；

薄层结构层状灰岩T_{1y}^{2-2-1}的岩体弹性变形模量E_3；

极薄层结构层状灰岩T_{1y}^{2-1-3}的岩体弹性变形模量E_4；

以及5条层间错动带的抗剪强度f_1、c_1；f_2、c_2；f_3、c_3；f_4、c_4；f_5、c_5。

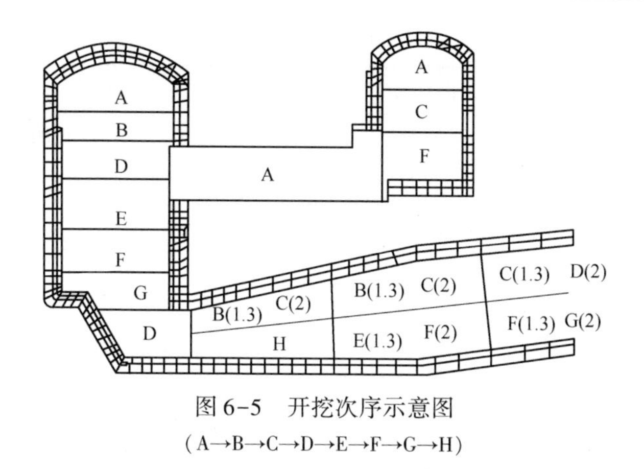

图 6-5　开挖次序示意图

（A→B→C→D→E→F→G→H）

反演计算范围为沿厂房轴线方向取 240m，下游取至尾水管出口处，上游取至离厂房边墙 90m 处，下部取至高程 650m。有限元计算范围内共有节点 46144 个，单元 44702 个网格，计算网格见图 6-6 和图 6-7。

将多次正分析的成果与实测位移进行比较，删除了极个别不合理的测点，选用较为合理的 61 个测点作为反分析的拟合点，测点对应的测孔及其实测相对位移见表 6-2。

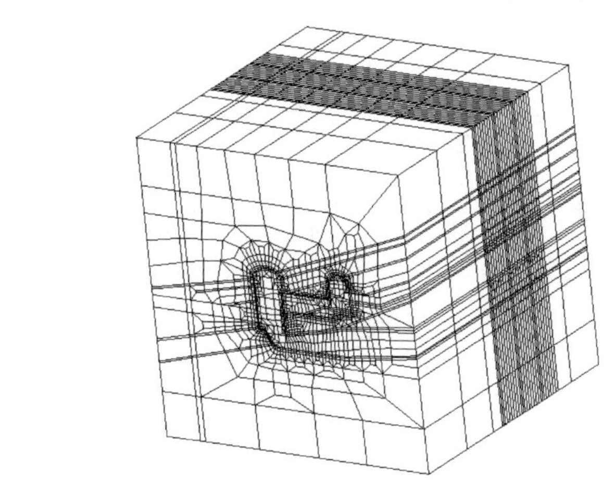

图 6-6　整体网格图

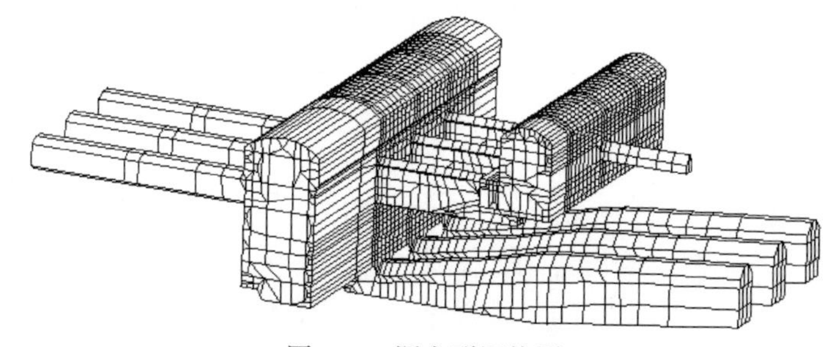

图 6-7　洞室群网格图

表 6-2 反分析中采用的测点

编号	所在测孔	实测相对位移/mm	编号	所在测孔	实测相对位移/mm
1	zc1-1	-0. 48	32	zb1-4	0. 18
2	zc1-2	-0. 72	33	zb2-1	0. 47
3	zc1-4	1. 87	34	zb2-2	0. 10
4	zc1-5	2. 42	35	zb2-3	-0. 73
5	zc1-6	2. 79	36	zb3-1	-0. 24
6	zc1-7	1. 35	37	zb3-2	-0. 21
7	zc1-8	-0. 31	38	zb3-3	-0. 11
8	zc1-9	-0. 33	39	zb3-4	-0. 28
9	zc2-1	-1. 17	40	w1A-1	-0. 29
10	zc2-2	0. 01	41	w1A-2	0. 12
11	zc2-4	2. 20	42	w1A-3	-0. 25
12	zc2-5	0. 03	43	w1A-4	0. 23
13	zc2-6	4. 77	44	w2A-1	-0. 23
14	zc2-7	3. 69	45	w2A-2	-0. 19
15	zc2-8	-0. 20	46	w2A-3	-0. 37
16	zc2-9	-0. 19	47	w3A-1	-0. 04
17	zc3-1	-1. 06	48	w3A-2	0. 32
18	zc3-2	0. 61	49	w3A-3	1. 81
19	zc3-4	4. 05	50	w3A-4	1. 49
20	zc3-5	0. 20	51	w1B-1	-0. 38
21	zc3-6	2. 88	52	w1B-2	0. 05
22	zc3-9	-0. 11	53	w1B-3	-0. 12
23	zc4-1	-0. 48	54	w1B-4	0. 20
24	zc4-2	-0. 05	55	w2B-1	-0. 30
25	zc4-3	-0. 89	56	w2B-2	-0. 54
26	zc5-1	-1. 17	57	w2B-3	-0. 31
27	zc5-2	0. 70	58	w3B-1	-0. 22
28	zc5-5	0. 47	59	w3B-2	-0. 20
29	zb1-1	-0. 13	60	w3B-3	-0. 32
30	zb1-2	0. 20	61	w3B-4	0. 50
31	zb1-3	-0. 55			

6.2.1.3 弹塑性反演参数的敏感度分析

敏感性分析是系统分析中分析系统稳定的一种方法。设有一系统，其目标函数 F 主要由 n 个因素 $x=\{x_1, x_2, \cdots, x_n\}$ 所决定，即 $F=f\{x_1, x_2, \cdots, x_n\}$。在某一基准状态 $x^*=\{x_1^*, x_2^*, \cdots, x_n^*\}$ 下，目标函数为 F^*，令各因素在其各自的可能范围内变动，分析由于这些因素的变动，目标函数 F 偏离基准状态 F^* 的趋势和程度，这种分析方法称为敏感性分析。

分析参数 x_k 对目标函数 F 的影响时，可令其余各参数取基准值（设计值）且固定不变，而令 x_k 在其可能的范围内变动，这时目标值 F 表现为：

$$F=f(x_1^*, \cdots, x_{k-1}^*, x_k^*, x_{k+1}^*, \cdots, x_n^*)=\varphi(x_k) \tag{6-6}$$

根据式（6-6）绘出特征曲线 $F-x_k$。由曲线 $F-x_k$ 可大致了解系统特性 F 对参数 x_k 扰动的敏感性。但该分析仅能了解系统特性对单因素的敏感行为。在实际系统中，决定系统特性的各因素往往是不同的物理量，其单位各不相同，凭借以上分析无法对各因素之间的敏感程度进行比较。因此，有必要进行无量纲化处理。将目标函数 F 的变化率 $\delta_F=|\Delta F|/F$ 与参数 x_k 的变化率 $\delta_{a_k}=|\Delta a_k|/a_k$ 的比值定义为参数 x_k 的敏感度函数 S_k（x_k），即：

$$S_k(x_k)=\left(\frac{|\Delta F|}{F}\right)\Big/\left(\frac{|\Delta x_k|}{x_k}\right)=\left|\frac{\Delta F}{\Delta x_k}\right|\frac{x_k}{F},\ k=1, 2, \cdots, n \tag{6-7}$$

理论上讲，在 $|\Delta x_k|/x_k$ 较小的情况下，$S_k(x_k)$ 可近似地表示为：

$$S_k(x_k)=\left|\frac{\mathrm{d}\varphi_k(x_k)}{x_k}\right|\frac{x_k}{F},\ k=1, 2, \cdots, n \tag{6-8}$$

由式可绘出 x_k 的敏感度函数曲线 S_k-x_k，取 $x_k=x_k^*$ 即可得参数 x_k 的敏感因子 S_k^*。但一般情况下 $\varphi_k(x_k)$ 都很复杂，不容易求出，在精度要求不太高的情况下，在 $x_k=x_k^*$ 附近取 Δx_k 为较小量。然后代入式（6-7）即可求得参数 x_k 的敏感因子 S_k^*。

$S_k^*(k=1, 2, \cdots, n)$ 是一组无量纲非负实数，S_k^* 值越大，表明在基准状态下 F 对 x_k 越敏感。通过对 S_k^* 的比较，就可以对目标函数对各因素的敏感性进行对比评价。

由于参数的敏感度是由该参数取为基准参数集（即设计参数）的相应值时敏感度因子的大小决定的，因此为了计算简便，只要将参数的变化范围限制在基准值附近即可。为此，取定各参数变化范围分别为设计值的 0.8、0.9、1.0、1.1、1.2 倍，计算出目标函数值随各个参数的变化，如表6-3 所示，图6-8～图6-21 给出了目标函数随参数的变化曲线。

表 6-3　设计参数改变时的目标函数值

x	$\Delta x_i / x_{i0}$				
	-0. 2	-0. 1	0. 0	0. 1	0. 2
E_1	503. 0439	513. 4985	520. 4865	525. 0894	530. 9479
E_2	547. 2166	536. 6359	531. 1498	525. 0894	522. 5755
E_3	564. 5259	544. 4638	530. 8506	525. 0894	521. 3536
E_4	580. 4683	556. 9367	538. 0944	525. 0894	517. 3846
f_1	525. 0894	525. 0894	525. 0894	525. 0894	525. 0894
c_1	525. 0714	525. 0772	525. 0880	525. 0894	525. 0899
f_2	525. 0894	525. 0894	525. 0894	525. 0894	525. 0894
c_2	525. 0776	525. 0793	525. 0825	525. 0894	525. 0906
f_3	525. 0886	525. 0890	525. 0893	525. 0894	525. 0894
c_3	525. 0983	525. 0925	525. 0912	525. 0894	525. 0885
f_4	525. 0894	525. 0894	525. 0894	525. 0894	525. 0894
c_4	525. 0975	525. 0928	525. 0894	525. 0894	525. 0894
f_5	525. 0880	525. 0887	525. 0894	525. 0894	525. 0894
c_5	525. 1098	525. 0967	525. 0915	525. 0894	525. 0879

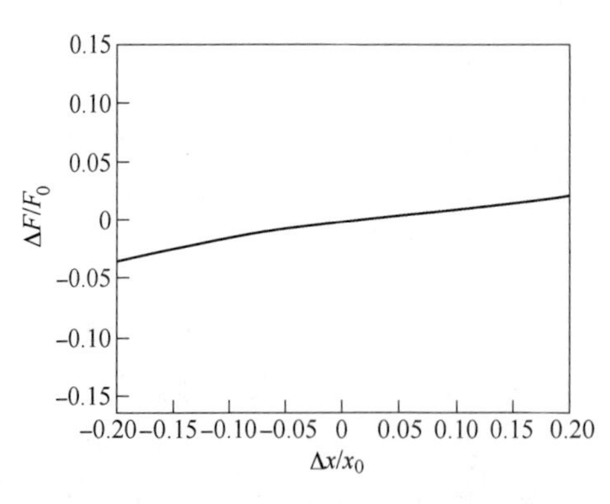

图 6-8　E_1 灵敏度分析曲线

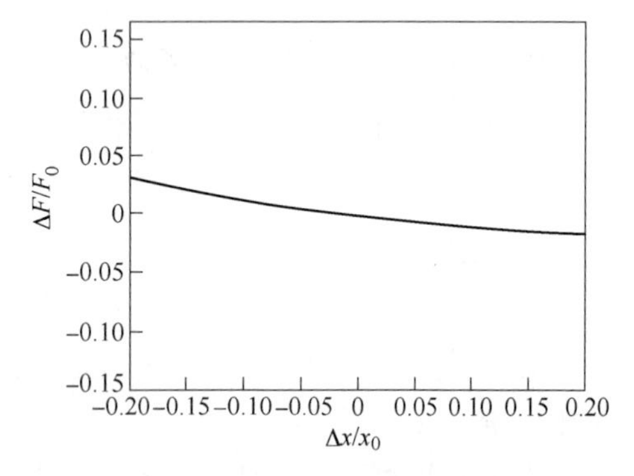

图 6-9　E_2 灵敏度分析曲线

通过对各参数在设计值附近取一个微小的变化量 $|\Delta x_k|$ （$k=1, 2, \cdots, 5$），求出相应的 ΔF，通过式（6-7）可求得各参数的敏感度因子，如表 6-4 所示。

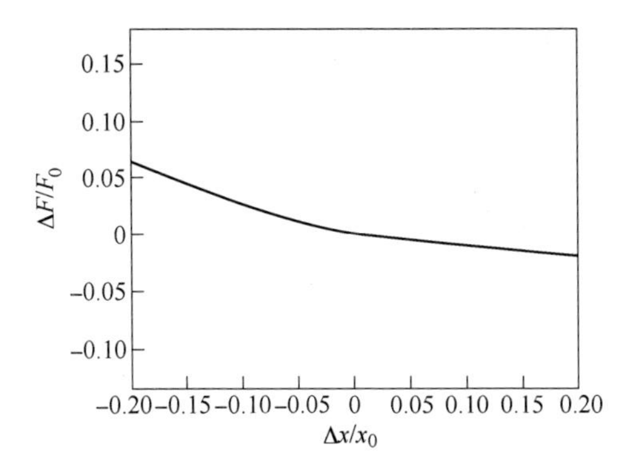

图 6-10 E_3 灵敏度分析曲线

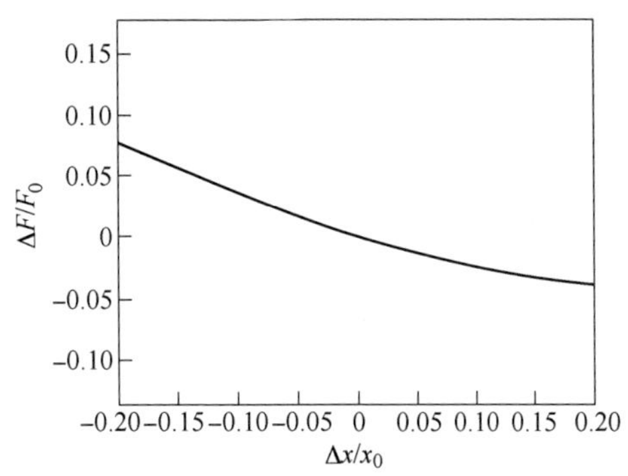

图 6-11 E_4 灵敏度分析曲线

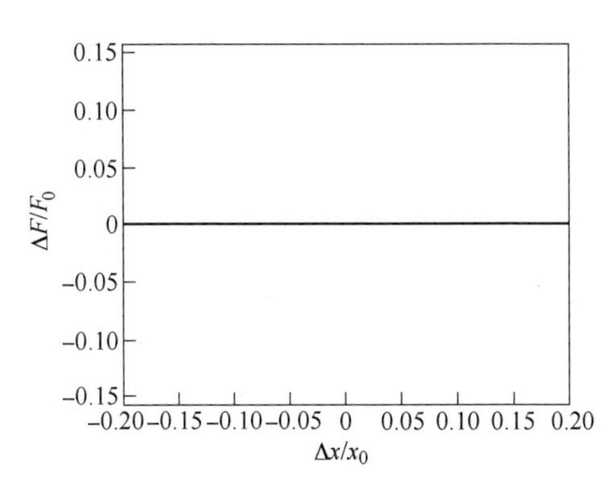

图 6-12 f_1 灵敏度分析曲线

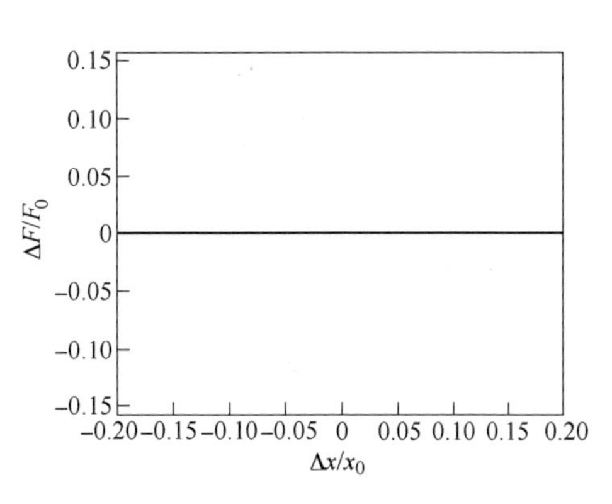

图 6-13 c_1 灵敏度分析曲线

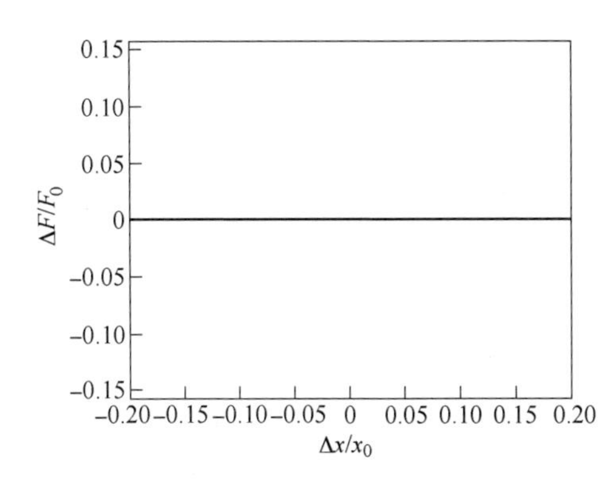

图 6-14 f_2 灵敏度分析曲线

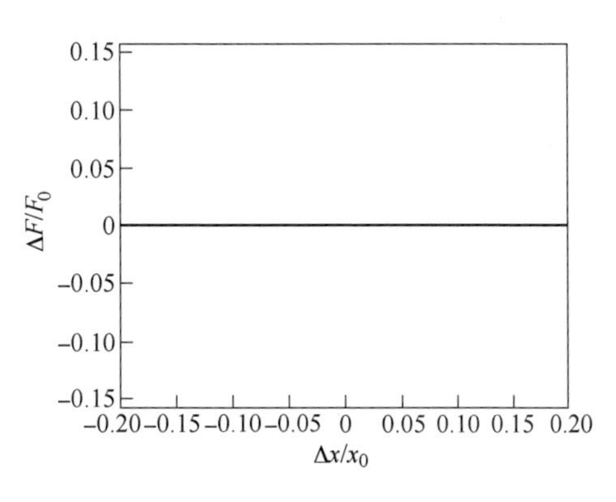

图 6-15 c_2 灵敏度分析曲线

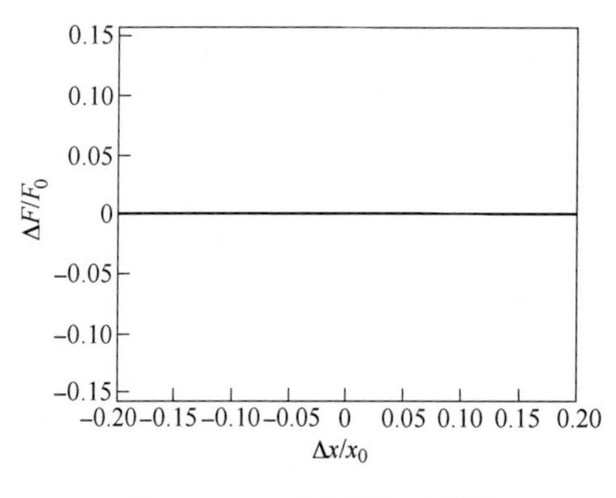

图 6-16　f_3 灵敏度分析曲线

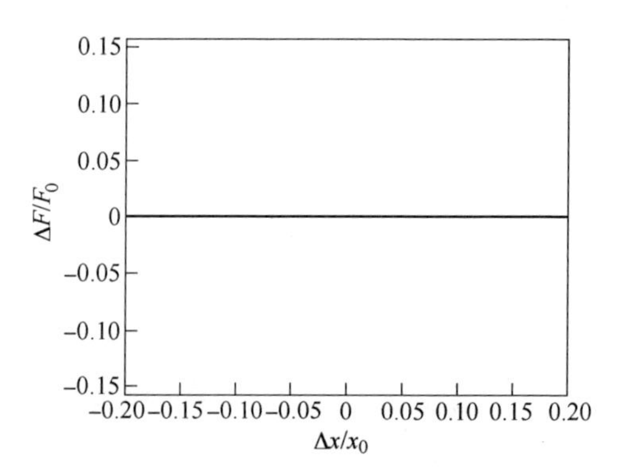

图 6-17　c_3 灵敏度分析曲线

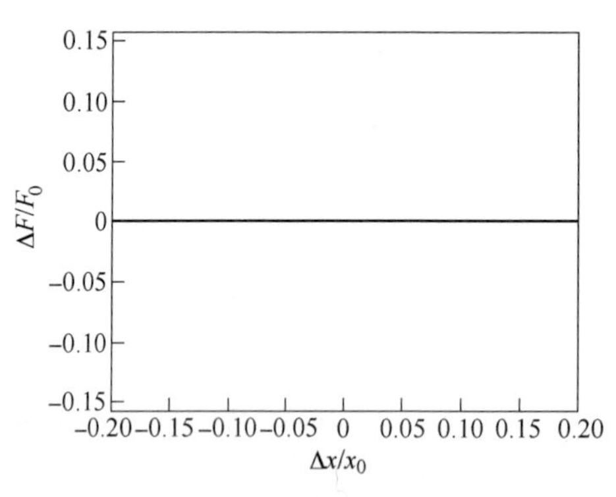

图 6-18　f_4 灵敏度分析曲线

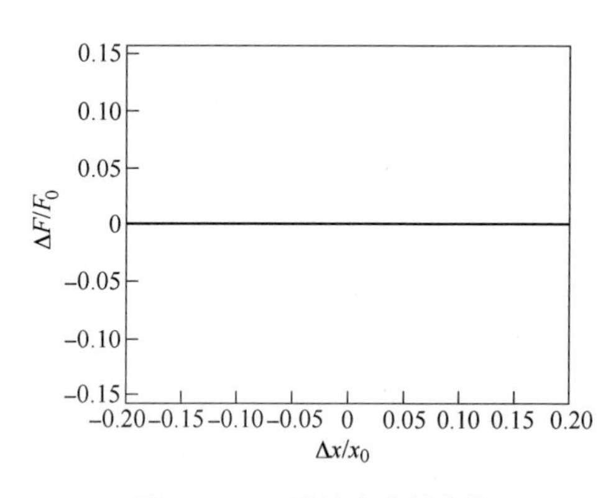

图 6-19　c_4 灵敏度分析曲线

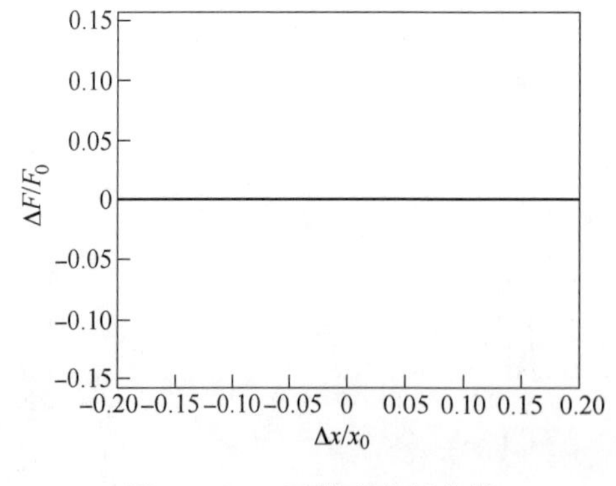

图 6-20　f_5 灵敏度分析曲线

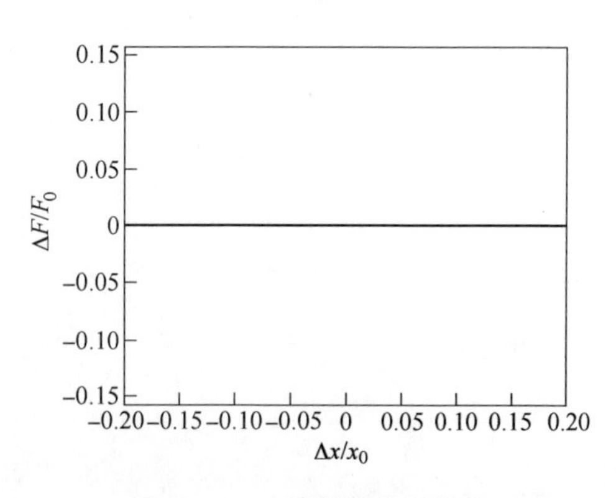

图 6-21　c_5 灵敏度分析曲线

表 6-4 各参数的敏感度因子

参 数	E_1	E_2	E_3	E_4	其他参数
敏感度因子	0.1295	0.1145	0.1992	0.2973	0

由上述图表可知，灵敏度大小的次序为 E_4、E_3、E_1、E_2，其他参数接近于零。这就表明，影响相对位移的主要因素是岩体的变形模量，层间错动带的抗剪强度指标对位移目标函数影响较小。因此只选择岩体的变形模量 E_1、E_2、E_3、$E_4$4 个参数作为反演参数。

6.2.1.4 参数反演

计算表明，将灵敏度相差较大的参数放在一起同时反演不仅大大增加计算时间，更主要的是可能会得出不合理的结果，甚至可能使反演无法进行，为此根据以上灵敏度分析的结果，将这四个变量分成 2 组，第一组为 E_4、E_3，第二组为 E_2、E_1。

依据正交实验设计原理，构造样本时，每个参数取 5 个水平，对第一组参数取 E_4 = 1.0、3.5、6.0、8.5、11.0MPa，E_3 = 2.0、5.0、8.0、11.0、14.0MPa，对第二组参数取 E_2 = 2.0、5.0、8.0、11.0、14.0MPa，E_1 = 3.0、7.0、11.0、15.0、19.0MPa，对每一组参数共有 25 组不同的组合。利用有限单元法计算出与每一组参数相对应的测点的相对位移值，从而得到 25 个样本值。用该正交设计构造的 25 个样本中前 20 个样本训练网络，用后 5 个样本来测试模型，从而获得支持向量机的最佳参数，建立相应的支持向量机预测模型。

按照上述基于支持向量机和模拟退火算法的反分析模型的相关步骤，先取 E_1、E_2 为设计值，搜索出对应于第一组参数的目标函数最小值为 120.4235，对应的反演参数 E_4=4.4385GPa，E_3=7.2829GPa。把反演得到的 E_4、E_3 值代替初始值，再进一步反演第二组参数 E_1、E_2，其目标函数的最小值为 105.6657，相应于这一目标函数值的参数 E_1 = 11.1890GPa，E_2 = 10.4214GPa。为了得到精确的参数值，第一次反演结束后，用 E_1、E_2 的反演值代替初始设计值，重新计算 E_1、E_2，目标函数值降为 97.7472，E_3 =7.9232GPa，E_4 =4.6891GPa，利用 E_3、E_4 新的反演值再进一步反演第二组参数 E_1、E_2，此时目标函数值并不降低，反演结束。

表 6-5 给出了位移反演结束后各测点位移。最终的目标函数值为 82.7472，表明各测点的位移计算值和实测值之间的平均误差为 1.164mm，对于索风营这样的大型地下洞室来说，这一结果还是比较令人满意的。

表 6-5 测点计算位移值与实测位移值比较

编号	所在测孔	计算相对位移/mm	实测相对位移/mm	误差/mm	编号	所在测孔	计算相对位移/mm	实测相对位移/mm	误差/mm
1	zc1-1	-0. 6449	-0. 48	-0. 1649	32	zb1-4	0. 6583	-0. 73	1. 3883
2	zc1-2	-0. 1940	-0. 72	0. 526	33	zb2-1	0. 9249	-0. 24	1. 1649
3	zc1-4	1. 6423	1. 87	-0. 2277	34	zb2-2	0. 4703	-0. 21	0. 6803
4	zc1-5	1. 6800	2. 42	-0. 74	35	zb2-3	0. 4175	-0. 11	0. 5275
5	zc1-6	2. 0349	2. 79	-0. 7551	36	zb3-1	1. 0889	-0. 28	1. 3689
6	zc1-7	1. 8451	1. 35	0. 4951	37	zb3-2	-1. 3692	-1. 17	-0. 1992
7	zc1-8	1. 9911	-0. 31	2. 3011	38	zb3-3	0. 0843	0. 7	-0. 6157
8	zc1-9	0. 0869	-0. 33	0. 4169	39	zb3-4	1. 0431	-0. 23	1. 2731
9	zc2-1	0. 6284	-1. 17	1. 7984	40	w1A-1	-1. 3976	-0. 29	-1. 1076
10	zc2-2	-0. 2067	0. 01	-0. 2167	41	w1A-2	0. 0694	0. 12	-0. 0506
11	zc2-4	1. 5039	2. 20	-0. 6961	42	w1A-3	0. 2884	-0. 25	0. 5384
12	zc2-5	1. 8863	0. 03	1. 8563	43	w1A-4	1. 2392	0. 23	1. 0092
13	zc2-6	2. 0200	4. 77	-2. 75	44	w2A-1	-1. 2812	-0. 23	-1. 0512
14	zc2-7	0. 5615	3. 69	-3. 1285	45	w2A-2	0. 4375	-0. 19	0. 6275
15	zc2-8	2. 1199	-0. 20	2. 3199	46	w2A-3	0. 3521	-0. 37	0. 7221
16	zc2-9	0. 1338	-0. 19	0. 3238	47	w3A-1	-1. 4478	-0. 04	-1. 4078
17	zc3-1	0. 6046	-1. 06	1. 6646	48	w3A-2	-0. 2745	0. 32	-0. 5945
18	zc3-2	-0. 4616	-0. 61	0. 1484	49	w3A-3	0. 0060	1. 81	-1. 8040
19	zc3-4	1. 6309	4. 05	-2. 4191	50	w3A-4	1. 2676	1. 49	-0. 2224
20	zc3-5	1. 7180	0. 20	1. 518	51	w1B-1	-0. 6924	-0. 38	-0. 3124
21	zc3-6	2. 0203	2. 88	-0. 8597	52	w1B-2	1. 1504	0. 05	1. 1004
22	zc3-9	0. 6784	-0. 11	0. 7884	53	w1B-3	1. 8760	-0. 12	1. 996
23	zc4-1	0. 0384	-0. 48	0. 5184	54	w1B-4	1. 6279	0. 2	1. 4279
24	zc4-2	0. 4520	-0. 05	0. 502	55	w2B-1	-0. 9472	-0. 11	-0. 8372
25	zc4-3	0. 5258	-0. 89	1. 4158	56	w2B-2	2. 0897	-0. 54	2. 6297
26	zc5-1	0. 8949	-0. 13	1. 0249	57	w2B-3	-0. 0065	-0. 31	0. 3035
27	zc5-2	0. 7741	0. 20	0. 5741	58	w3B-1	-1. 3197	-0. 22	-1. 0997
28	zc5-5	0. 6363	-0. 55	1. 1863	59	w3B-2	2. 0618	-0. 2	2. 2618
29	zb1-1	1. 5982	0. 18	1. 4182	60	w3B-3	-1. 7483	-0. 32	-1. 4238
30	zb1-2	0. 8871	-0. 47	1. 3571	61	w3B-4	1. 6248	0. 5	1. 1248
31	zb1-3	0. 7405	0. 10	0. 6405					

6.2.2 工程应用——包钢白云鄂博铁矿 C 区边坡

6.2.2.1 工程概况[148]

白云鄂博铁矿东采场 C 区位于采场的东北帮，坡顶长度约 750m，坡脚 1230m，水平长度约 100m，现有地形最高为海拔 1650m，最低 1460m，垂直高差为 190m，边坡呈弧形，平均倾向 250°，总体坡度约为 43°~39°，由西向东坡度逐步变缓。区内边坡设计终了深度为 1230m，边坡最终平均高度 397m，设计总体边坡角为 43°，边坡岩性主要为云母片岩、云母板岩、长石板岩、白云岩和基性岩脉。按当前的采剥计划，露天开采时间约为 12 年。

区内边坡从 2000 年以来，随着边坡高度的增加，发育了多个不同规模的滑体，经历了 1 号滑体削方，2 号和 3 号滑体削方锚固等局部治理措施，但受复杂的地质条件及设计边坡角过陡等因素的影响，截至 2010 年 12 月，边坡仍不稳定，区内的边帮不能按计划安全靠界，严重影响了东矿采场的整体生产计划。

6.2.2.2 矿区工程地质情况

白云鄂博铁矿位于内蒙古地轴与内蒙古华力西晚期褶皱带接触带的南侧，即内蒙古地轴的北缘。区内出露的地层有太古界二道洼群绿色结晶片岩，远古界白云鄂博群变质岩，中生界侏罗系沉积岩和火山岩系以及新生界第三系和第四系地层。区内地层强烈褶皱变质，断裂发育。岩浆岩种类繁多，呈多期次侵入，地质情况复杂。

白云鄂博铁矿东矿区工程地质性质可分为 5 个岩组及岩脉。即云母岩岩组、白云岩岩组、铁矿石岩组、长石板岩岩组、第四系岩组及岩脉。

东矿 C 区边坡由北向南呈弧形展布，地形产状变化较大，同时深部边坡岩性与上部边坡岩性也有较大区别，按照岩组及边坡产状将本区进一步划分为三个亚区，即 C1 亚区、C2 亚区和 C3 亚区。

C1 亚区位于 C 区北部，边坡产状 223/40，岩性以白云岩和铁矿石为主，1488~1606m 有部分云母岩，岩体结构为层状结构和碎裂结构。

C2 亚区位于 C 区中部，边坡产状 236/40，1340m 以上主要为云母板岩，层状结构，较完整；1340m 以下为白云岩和铁矿石，层状结构和块状结构。

C3 亚区位于 C 区南部，边坡产状 256/42，主要为云母板岩，层状结构，较完整；1260m 以下为白云岩和铁矿石，层状结构和块状结构；1488m 以上有部分长石板岩。

6.2.2.3 矿区水文地质简况

白云鄂博铁矿东矿区地处内蒙古高原，开采前自然地形最高海拔 1689.3m，相对比高为 60~80m，总体地形为西南高、东北低，为一低缓山丘地形。山坡由残积碎石、黄土、黏土和经钙质胶结的碎石层（鄂博层）覆盖，植被很不发育，地表径流条件较好，径流系数为 0.7。

本区干旱少雨，由多年统计资料可见，大气降水量最低为 131.5mm（1965 年），最高为 373.1mm（1958 年），年均降水量为 231.6mm，蒸发量较降水量大 10 倍以上，降水多集中在 7～8 月份，约占全年降水量的一半以上。一年中冰冻期长达 5 个多月，最大冻结深度 2.78m，月平均气温最低为一月份的 -21.8℃。

本区目前已开采至 1460m，采坑外围为排土场及运矿公路，汇水面积约 $1km^2$。公路系统成为地表径流的天然通道，采坑外围的降水大多沿公路系统汇入采场，本区在 1606m 路口处设有截水沟池，可有效阻止汇水流入。

C 区出露的主要岩性为云母岩，局部有白云岩、铁矿层和长石板岩。

该区构造复杂，断层及岩脉发育是地表水汇集和地下水渗流的主要通道。边坡岩体地下水的赋存形式主要为基岩裂隙水，按构造及岩性特征可划分为断层及其影响带强富水带、白云岩和铁矿层含水带、云母岩含水带。断层及其影响带强富水带主要为 F_{107} 和 F_{111} 断层破碎带及其影响带，宽度 10～30m，每逢降雨后，在其出露部位常有水流涌出。白云岩和铁矿层含水带的含水特征是两种岩性的接触带含水性较好，接近地表的含水性。云母含水带的含水特征与深度和接触带有关，深部含水性较差，与矿体的接触带岩体较破碎，含水性较好。边坡岩体的地下水补给来源为大气降水，由于为基岩裂隙水，地下水径流条件较差，采场以坑底集中排水的方式疏干坡体内的地下水。

6.2.2.4　边坡位移反演分析

本次反演分析以东矿区 C 区布有监测点的 6-6 断面为研究对象来进行参数的反演。由于边坡工程十分复杂，若考虑所有因素，由于反分析方法的局限性，参数反演工作将很难进行。根据本工程的实际情况，将整个 6-6 断面简化为主要由三种介质组成，即白云岩、断层、铁矿石。由于铁矿石岩层位于边坡坡脚以下且未布置位移监测点，故本次仅反演白云岩和断层的参数，即弹性模量、黏聚力和内摩擦角并以重力和地下水等作为影响边坡的外力。参数反演的基础信息来自该剖面上的 5 个测点的位移信息，正向计算用有限元进行，模型为 Drucker-Prager 塑性模型，并且考虑大变形。

参数反演时，在对主要岩土体进行一定室内试验基础上，参考白云鄂博铁矿提供的工程勘察资料和其他工程的一些经验资料，确定反演参数的范围，对提高反分析的精度和可信度很有必要，本次待反演参数的范围见表 6-6。

表 6-6　待反演参数的范围

岩石类型	弹性模量/GPa	黏聚力/MPa	内摩擦角/(°)
白云岩	20～52	0.3～0.7	30～50
断　层	50～250	0～0.1	15～35

为了建立位移与待反演参数之间的非线性关系，必须事先构造一定数量的样本供支持向量机学习。采用正交设计试验方法构造学习样本和检验样本，根据前面的参数范围，将每一个参数分为5个水平，如表6-7所示。

表6-7 待反演参数及各水平取值

水平	白云岩			断 层		
	弹性模量 E_1/GPa	黏聚力 c_1/MPa	内摩擦角 φ_1/(°)	弹性模量 E_2/MPa	黏聚力 c_2/MPa	内摩擦角 φ_2/(°)
1	20	0.3	30	50	0	15
2	30	0.4	35	100	0.03	20
3	38	0.5	40	150	0.06	25
4	45	0.6	45	200	0.08	30
5	52	0.7	50	250	0.1	35

根据正交试验原理，共有25组不同的组合，如表6-8所示。

表6-8 正交试验方案

方案	白云岩参数			断层参数		
	E_1/GPa	c_1/MPa	φ_1/(°)	E_2/MPa	c_2/MPa	φ_2/(°)
1	20	0.3	30	50	0	15
2	20	0.4	35	100	0.03	20
3	20	0.5	40	150	0.06	25
4	20	0.6	45	200	0.08	30
5	20	0.7	50	250	0.1	35
6	30	0.3	35	150	0.06	35
7	30	0.4	40	200	0.08	15
8	30	0.5	45	250	0.1	20
9	30	0.6	50	50	0	25
10	30	0.7	30	100	0.03	30
11	38	0.3	40	250	0.1	30
12	38	0.4	45	50	0	35
13	38	0.5	50	100	0.03	15
14	38	0.6	30	150	0.06	20
15	38	0.7	35	200	0.08	25
16	45	0.3	30	100	0.03	25

续表 6-8

方案	白云岩参数			断层参数		
	E_1/GPa	c_1/MPa	φ_1/(°)	E_2/MPa	c_2/MPa	φ_2/(°)
17	45	0.4	50	150	0.06	30
18	45	0.5	35	200	0.08	35
19	45	0.6	40	250	0.1	15
20	45	0.7	45	50	0	20
21	52	0.3	50	200	0.08	20
22	52	0.4	30	250	0.1	25
23	52	0.5	35	50	0	30
24	52	0.6	40	100	0.03	35
25	52	0.7	45	150	0.06	15

对以上每个参数方案进行有限元计算，边坡有限元模型 X 方向 343m，Y 方向 247m，共剖分 13754 个节点，4403 个单元。计算网格如图 6-22 及书后彩图 6-22 所示，图中数字 1、2、3、4、5 为位移监测点。

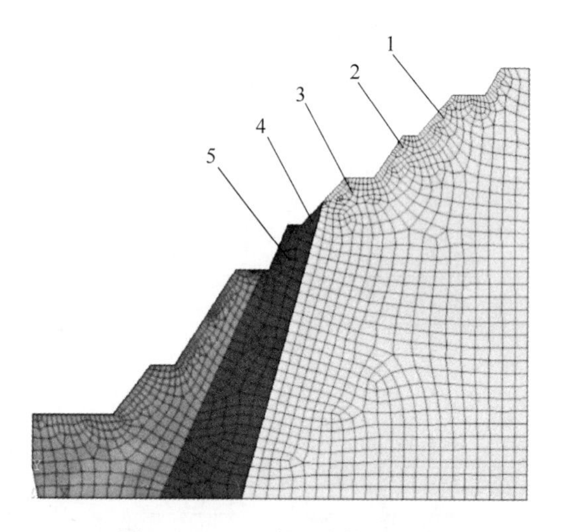

图 6-22　6-6 断面计算网格图

通过对每个方案进行有限元计算，获得图 6-22 各测点的计算位移值，每个计算方案与对应的位移值将构成一个样本对。各方案测点位移计算值如表 6-9 所示。以前 20 组为学习样本，后 5 组为检验样本。利用支持向量机对样本进行学习和检验，调整相应的结构参数，建立待反演岩体力学参数与位移之间的非线性映射关系。

表 6-9 正交设计各方案数值计算位移值 (mm)

方案＼测点	1	2	3	4	5
1	40.45	45.76	49.51	60.73	67.52
2	37.28	40.16	34.89	46.83	54.43
3	35.52	37.71	29.89	41.16	49.93
4	25.39	36.68	39.12	33.78	44.91
5	17.37	22.10	24.22	20.33	28.07
6	34.39	41.27	40.64	47.88	55.90
7	29.61	32.88	39.26	45.73	49.39
8	23.42	29.83	37.79	40.51	46.10
9	18.79	22.21	25.32	43.69	47.33
10	14.31	17.27	24.83	39.96	41.97
11	26.81	31.77	38.86	44.02	51.30
12	27.98	34.89	40.92	46.87	55.25
13	20.67	27.11	31.83	42.08	47.94
14	22.90	29.12	28.14	39.93	43.88
15	12.19	16.73	21.95	30.82	32.12
16	19.92	22.81	25.70	36.69	40.52
17	17.71	20.98	28.89	33.38	39.12
18	13.10	15.37	19.90	26.83	28.93
19	10.85	17.91	19.25	24.86	30.74
20	14.67	16.81	21.84	30.79	37.43
21	8.62	12.37	17.36	21.13	26.19
22	16.63	20.11	22.31	28.97	34.75
23	19.17	23.69	27.81	35.57	39.28
24	13.68	17.37	21.84	23.93	28.74
25	10.03	12.89	14.62	20.63	29.42

对表 6-9 中的样本进行标准化处理后，采用支持向量机和模拟退火法对学习样本进行学习，获得各个关键点位移与待反演参数的非线性映射关系，用测试样本检验支持向量机的预测效果。在模拟退火优化计算中，共进行 12600 次迭代，得到目标函数最小值为 89.3，与该最小目标函数值对应的参数，即为本次反演过程中得到的最优参数值，反演分析结果如表 6-10 所示。

表 6-10　6-6 断面的岩土力学参数反演结果

白云岩			断　层		
E_1/GPa	c_1/MPa	φ_1/(°)	E_2/MPa	c_2/MPa	φ_2/(°)
35.139	0.382	40.394	147.480	0.012	28.431

用反演的参数对6-6 断面进行正向有限元计算，得到的计算位移值与监测位移值对比如表 6-11 和图 6-23 所示。

表 6-11　6-6 断面测点位移与反演参数计算位移对比　(mm)

测　点	1	2	3	4	5
测点监测位移	23.60	29.70	37.80	44.30	51.80
反演参数计算位移	25.37	30.86	36.42	42.84	53.71

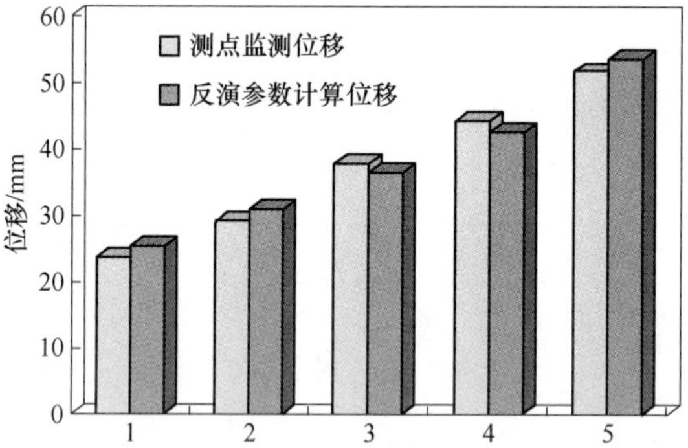

图 6-23　6-6 断面测点位移与反演参数计算位移对比图

由表6-11 和图6-23 可以看出，运用支持向量机和模拟退火法对白云鄂博东矿区 C 区边坡6-6 断面进行位移反分析得到的反演参数，在进行有限元分析中得到的位移与实测位移最大误差仅 1.91mm，对白云鄂博铁矿东矿区这样的高边坡来说，结果是令人满意的。

6.2.3　工程应用——紫金山金铜矿初始地应力场反演

6.2.3.1　矿山概况[85]

紫金山矿区属特大型金铜矿分离共生矿床，其矿化带具有典型的上金下铜、垂向倾斜分布特征。矿区内地形切割强烈、地势陡峻。金矿床主要赋存在潜水面以上的风化带中，分布范围较铜矿床小。由于上覆岩层较薄、剥采比较小，矿山对金矿已由原来坑采转为目前的大规模露天开采。按现有保有量计，预计露采境界内金储量还可以开采逾 10 年。矿区内铜矿床主要分布在北西向构造裂隙带中，以隐伏似层状、透镜状叠加极厚形态产出，并赋存于金矿下部 NE 侧的倾斜方向上。矿体上覆岩层较厚，并在金矿露采坑底的垂直下方普遍存在约 50m 高的无矿间隔带，根据这种分布特点，铜矿床采用坑采方式。因此，在紫金山矿区出现上金下铜露天、地下联合开采模式。

6.2.3.2 现场地应力测试

由于地质历史上紫金山金铜矿矿区断裂构造运动复杂多变，不同地质年代不同的构造运动导致该矿区的构造应力场也较为复杂，因此，有必要进行现场地应力测量以研究地应力对现今的采矿工程的影响。在紫金山金铜矿的 520m 水平和 340m 水平各进行了 3 个点的地应力解除测试，共计 6 个测点，测点布置如图 6-24 和图 6-25 所示。现场地应力实测结果如表 6-12 所示。

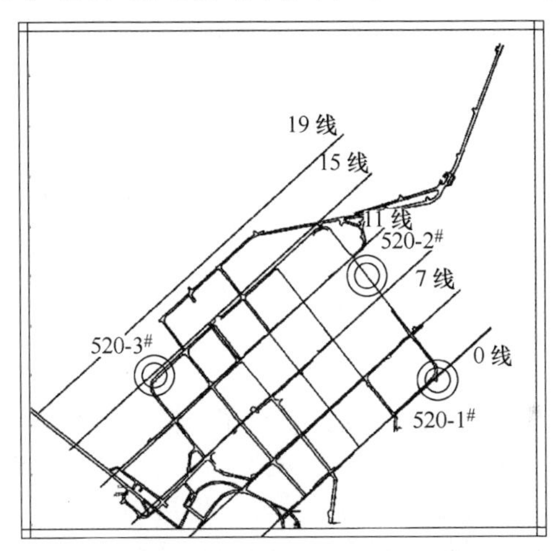

图 6-24 520m 水平地应力测点平面布置图

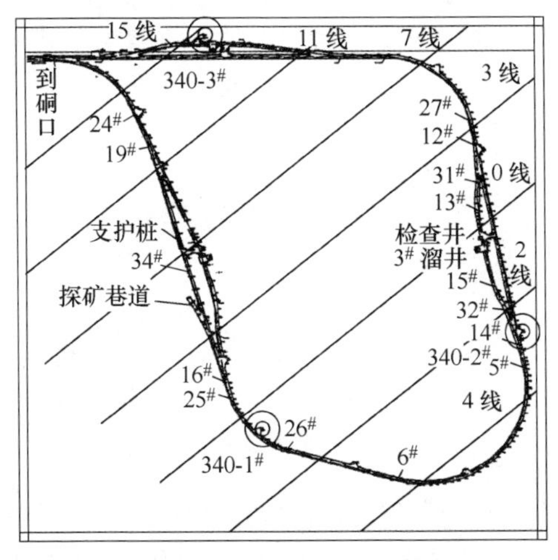

图 6-25 340m 水平地应力测点平面布置图

表 6-12　各测点地应力实测结果

测点	正应力/MPa			剪应力/MPa		
	σ_x	σ_y	σ_z	τ_{xy}	τ_{yz}	τ_{zx}
520-1#	11.69	12.77	10.56	-1.47	-0.04	0.03
520-2#	10.71	11.17	8.33	-1.05	0.23	-0.3
520-3#	11.80	11.20	9.32	-1.42	0.02	-0.08
340-1#	15.34	14.14	13.33	-3.69	0.28	0.00
340-2#	20.44	12.25	15.80	-1.87	-0.10	-0.02
340-3#	15.76	14.80	13.09	-3.57	-0.11	-0.34

注：x 的正向向北；y 的正向向东；z 的正向向下。

6.2.3.3　初始地应力场反演分析方法

地应力反演就是寻找一组待反演的边界参数使与之相应的初始应力场向实测应力值逼近。目标函数可取为以下形式：

$$F(X)=\sum_{i=1}^{n}(f_i(x)-S_i)^2$$

式中，X 为待反演系数；$f_i(X)$ 为岩体上第 i 个量测点应力的预测值；S_i 为相应实测应力值；n 为应力测点总数。计算过程流程图如图 6-2 所示。

6.2.3.4　紫金山初始地应力场反演

A　计算模型

通过对矿区工程地质条件的研究，确定了有限元分析的计算范围、计算参数等。在整体坐标系中，取 N40°E 为计算模型的 x 轴方向，N50°W 为 y 轴方向，z 轴方向铅直向上。根据工程资料，为了消除人工边界误差对采场结构的影响，确定本模型的计算范围 x 轴方向取 1685m，y 向取 773m，z 轴底部标高为 200m。采用 8 节点等参单元，将计算模型共离散为 58227 个单元、62950 个节点，有限元计算模型如图 6-26 所示，矿区岩体物理力学计算参数如表 6-13 所示。

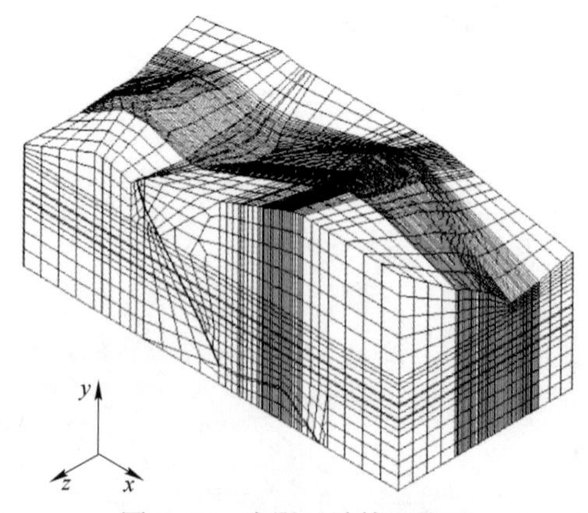

图 6-26　有限元计算网格图

表 6-13 岩体物理力学参数

岩 体	重度/kN · m^{-3}	弹性模量/MPa	泊松比	黏聚力/MPa	内摩擦角/(°)
中细粒花岗岩	25.2	5.0	0.25	1.7	36.2
石英斑岩	23.9	8.8	0.34	0.25	32.9
铜矿体	27.1	9.43	0.23	2.66	40.1

研究区内垂直于 x 轴正方向的边界施加一 5.0MPa 均匀分布的面荷载和一 k_1rh 三角形分布面荷载，垂直于 y 轴正方向的边界分别施加一 5.0MPa 均匀分布的面荷载和一 k_2rh 三角形分布面荷载，地表面边界为自由边界，其他边界施加法向约束。反演计算的目的就是要寻找合理的侧压力系数 k_1、k_2，使得研究区内实测点的地应力模拟计算值与实测值达到最佳拟合时的边界荷载，从而分析得到研究区内的初始应力场。

B 反演计算结果

由实测的地应力可知，构造应力在水平两个方向有一定差别，且水平向应力大于竖直方向，因此，对每个侧压系数 k_1、k_2 分别取 1.1、1.3、1.5、1.7、1.9，共有 25 组不同的参数组合。其中的 20 组数据作为学习样本，另 5 组数据作为测试样本用以检验支持向量机的预测效果。

利用已编制好的程序进行计算，得到与最小目标函数值对应的参数 $k_1=1.641$，$k_2=1.654$，即为本次反演过程得到的最优参数值。将反演所得的侧压系数转化为边界荷载作用于有限元模型进行弹塑性有限元分析，得到的应力场即为所求的矿区初始应力场。图 6-27（另见书后彩图 6-27）给出了勘探线 7 线附近剖面的主应力等值线图。由现场实测和反演结果可以看出，测点的最大主应力为水平方向，侧压系数在 1.6 左右，表明该矿区水平构造应力较大，占主导地位。实测点的计算应力值与实测结果对比如图 6-28 和图 6-29 所示。可以看出，反演结果与实测值较为接近，能够满足该矿区设计和研究的需要。

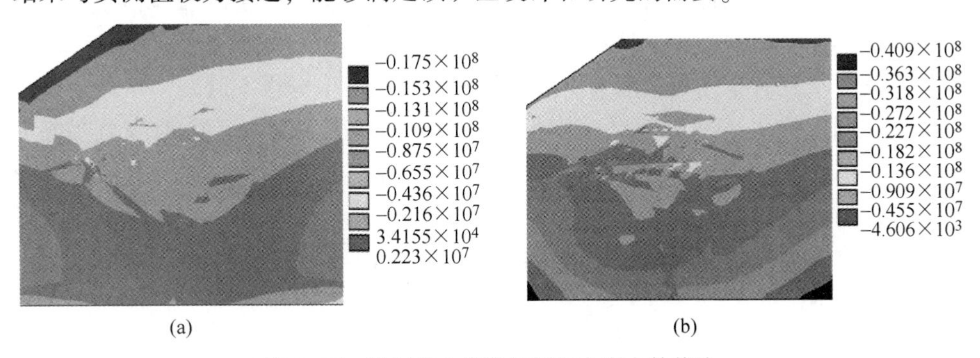

图 6-27 勘探线 7 线附近剖面主应力等值线
（a）最大主应力等值线；（b）最小主应力等值线

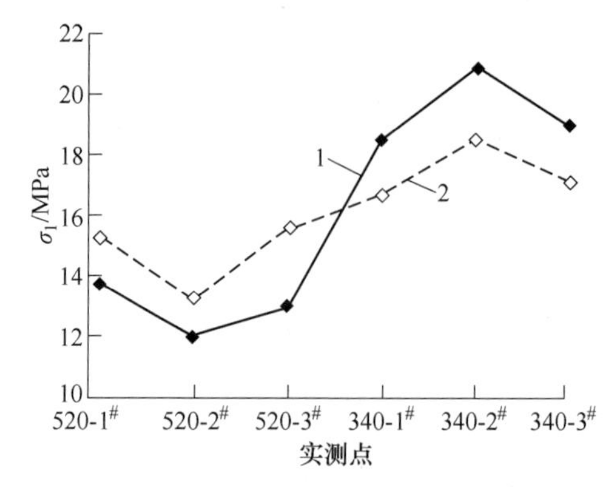

图 6-28 最大主应力 σ_1 反演值与实测值对比

1—反演值；2—实测值

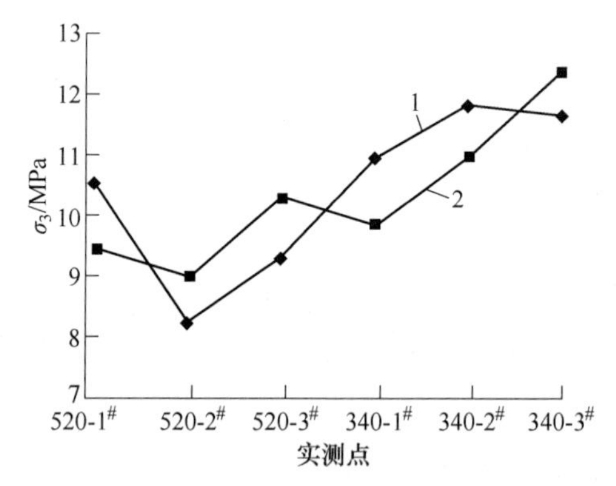

图 6-29 最小主应力 σ_3 反演值与实测值对比

1—实测值；2—反演值

借助现代人工智能的相关研究成果，本书提出了基于支持向量机和模拟退火算法的初始地应力场反分析模型。本反演模型利用支持向量机的非线性映射、推理和预测功能，模拟有限元计算过程，从而提高了反分析计算速度。同时，由于模拟退火算法具有全局搜索能力，解决了局部极小与全局极小问题，从而为解决全局优化问题提供了一种新的搜索策略；最后，根据紫金山矿区地应力实测资料，利用该模型对矿区初始地应力场进行反演分析。通过实测点的计算应力值与现场实测值的比较，两者在量值和方向上接近，表明该方法较好地反映了实际地应力场的分布规律，能够满足矿区设计和研究的需要。

参考文献

[1] 郑颖人，刘兴华．近代非线性科学与岩石力学问题［J］．岩土工程学报，1996，18（1）：98～100.

[2] 谢和平，刘夕才，王金安．关于21世纪岩石力学发展战略的思考［J］．岩土工程学报，1996，18（4）：98～102.

[3] 秦四清，张倬元，王士天，等．非线性工程地质学导引［M］．成都：西南交通大学出版社，1993.

[4] Zhang Q，Song R，Nie X. Application of neural network models to rock mechanics and rock engineering［J］. Int. Rock. Mech. Sci. Geomech. Abstr. 1991，28（6）：1～5.

[5] 黄润秋，许强．开挖过程的非线性理论分析［J］．工程地质学报，1999，7（1）：9～14.

[6] Haberfield C M，Seidel J P. Some recent advances in the modeling of soft rock joints in direct shear［J］. Geotechnical and Geological Engineering，1999，17（3）：177～195.

[7] Cividini A，Gioda G，et al. Some Aspects of Characterization Problems in Geomechanics［J］. Int. J. Rock Mech. Min. soil & Geomach. Abstr. 1981，18：487～503.

[8] Gokceoglu C，Aksoy H. New approaches to the characterization of clay-bearing［J］. Densely jointed and Weak Rock Masses. Engineering Geology，1999，58（1）：1～23.

[9] Sakurai S. Direct strain evaluation technique in construction of underground opening［J］. Proc. 22nd U. S. Sympo. Rock Mech. MIT，1982：191，278～282.

[10] 冯夏庭．智能岩石力学导论［M］．北京：科学出版社，2000.

[11] 仪垂祥．非线性科学及其在地学中的应用［M］．北京：气象出版社，1995.

[12] 林振山．非线性科学及其在地学中的应用［M］．北京：气象出版社，2003.

[13] 于学馥，于加，徐骏．岩石力学新概念与开挖结构优化设计［M］．北京：科学出版社，1995.

[14] De Souza E，Mottahed P. A dynamic support system for yielding ground［J］. CIM bulleting，1999，92：50～55.

[15] He Manchao，Chen Yijin，Zou Zhengsheng. New theory on tunnel stability control within weak rock［C］. Proceeeding of 7th Int. Conggress of Engineering Geology. A. Bulkema Press，1994：4173～4180.

[16] 朱维申，何满潮．复杂条件下围岩稳定性与岩体动态施工力学［M］．北京：科学出版社，1995.

[17] 许强，黄润秋．非线性科学理论在地质灾害评价预测中的应用——地质灾害系统分析原理［J］．山地学报，2000，18（3）：272～277.

[18] 任青文．岩体破坏分析方法的研究进展［J］．岩石力学和工程学报，2001，20（增2）：1303～1309.

[19] Weber B H，Depew D J，Smith J D，et al. Entropy，information and evolution［M］. Cambridge：The MIT Press，1988.

[20] Krstanovic P F，Singh V P. A real-time flood-forecasting model based on maximum entropy spectral analysis［J］. Int. development. Walter Resour Magt，1993，7：109～129.

［21］ Delezios N R，Tyraskis P A. Maximum entropy spectra for regional precipitation analysis and forecasting ［J］. J Hydrol，1989，109：25～42.
［22］ 邓广哲，朱维申．岩体非卸荷与熵变的基本特点［J］．西安矿业学院院报，1997，17（4）：332～335.
［23］ 许传华，任青文．地下工程围岩稳定性分析方法研究进展［J］．金属矿山，2003（2）：34～37.
［24］ 秦四清．初论岩体失稳过程中耗散结构的形成机制［J］．岩石力学与工程学报，2000，19（3）：265～269.
［25］ 朱维申，李术才，陈卫忠．节理岩体破坏机理和锚固效应及工程应用［M］．北京：科学出版社，2001：51～55.
［26］ 许传华，任青文，房定旺．基于神经网络的混沌时间序列分析［J］．水文地质工程地质，2003（1）：30～32.
［27］ 黄建平，衣育红．利用观测资料反演非线性动力模型［J］．中国科学（B 辑），1991（3）：331～336.
［28］ 任青文，余天堂．边坡稳定的块体单元法分析［J］．岩石力学与工程学报，2001，20（1）：20～24.
［29］ 黄润秋，许强．突变理论在工程地质中的应用［J］．工程地质学报，1993，1（1）：65～73.
［30］ 于学馥．非确定性科学决策方法［M］．北京：科学出版社，2000.
［31］ 蔡美峰，孔广亚，贾立宏．岩体工程系统失稳的能量突变判断准则及其应用［J］．北京科技大学学报，1997，19（4）：325～328.
［32］ 刘应贵，刘新喜，魏新颜．隧道塌方的尖点灾变模型及应用［J］．地质灾害与环境保护，2002，13（2）：59～62.
［33］ 李世辉，宋军．变形速率比值判据与猫山隧道工程验证［J］．中国工程科学，2002，4（6）：85～91.
［34］ Li S. An empirical hypothesis of deformation rate ratio criterion ［J］. Rock Mech & Rock Engng，1996，29（2）：63～72.
［35］ Chi-hsu Wang，Tsunng-Chil Lin，Tsu-Tian Lee，et al. Adaptive hybrid intelligent control for uncertain nonlinear dynamical systems ［J］. IEEE Transactions on Systems，Man and Cybernetics-Part B：Cybernetics，2002，32（5）：583～596.
［36］ 刁心宏，王泳嘉，冯夏庭，等．用人工神经网络方法辨识岩体力学参数［J］．东北大学学报，2002，23（1）：60～63.
［37］ 刁心宏，冯夏庭，张士林，等．人工神经网络方法辨识岩体力学参数的可辨识性及其稳定性探讨［J］．矿冶，2001，10（3）：11～14.
［38］ 周保生，朱维申．巷道围岩参数的人工神经网络预测［J］．岩土力学，1999，20（1）：22～25.
［39］ 乔春生，张清，黄修云．岩石工程数值分析中选择岩体力学参数的神经网络方法［J］．岩石力学与工程学报，2000，19（1）：64～67.
［40］ 李守巨，刘迎曦，刘玉晶．基于改进神经网络的边坡岩体弹性力学参数识别方法［J］．湘潭矿业学院学报，2002，17（1）：58～61.

[41] 杨英杰，张清．岩石工程稳定性控制参数的直觉分析［J］．岩石力学与工程学报，1998，17（3）：336～340.

[42] 冯夏庭．非线性岩体力学关系的神经网络研究［J］．东北大学学报，1994，15（5）：328～331.

[43] Meulenkamp F，Alvarez Grima M. Application of neural networks for the prediction of the unconfined compressive stength（UCS）from Equotip hardness［J］. In：Int. J. of Rock Mech. and Min. Sci，1999，36（1）：29～39.

[44] Ghaboussi J，Lade P V，Sidarta D E. Neural network based modelling in geomechanics［R］. Proceedings of the 8th International Conference on Computer Methods and Advances in Geomechanics，Morgantown，WV，1994.

[45] Lee C，Sterling R. Identifying probable failure modes for under ground openings using a neural network［J］. Inter J of Rock Mech & Geomech Abstr，1991，28（6）：377～386.

[46] Raiche A. A pattern recognition approach to geophysical inversion using neural nets［J］. Geophys J. Int，1991，105：692～648.

[47] Zhu Jianhua. Modeling of soil behavior with a recurrent neural network［J］. Can. Geotech. J. 1998，35：858～872.

[48] Yi Huang. Application of artificial neural networks to prediction of aggregate quality parameters［J］. Int. J. of Rock Mech. and Mining Sci.，1999，39：551～561.

[49] C. 尼科里斯，L. 普里高津．非平衡系统的自组织［M］．北京：科学出版社，1986.

[50] 申维．自组织理论和耗散结构理论及其地学应用［J］．地质地球化学，2001，5（3）：1～7.

[51] 秦葆瑚．耗散结构混沌分形等新理论在地质学研究中的应用［J］．湖南地质，1994，13（4）：241～249.

[52] 陈剑平．岩土体变形的耗散结构认识［J］．长春科技大学学报，2001，31（3）：288～293.

[53] 林茂，胡功笠，温志鹏，等．浅析地下工程围岩稳定的耗散结构理论［C］．第十三届全国结构工程学术会议论文集（第Ⅱ册），2004.

[54] 周萃英，汤连生，晏同珍．滑坡灾害系统的自组织［J］．地球科学，1996，21（6）：604～606.

[55] 唐春安，费鸿禄，徐小荷．系统科学在岩石破裂失稳研究中的应用（一）［J］．东北大学学报，1994，15（1）：24～29.

[56] Jaynes E T. On the rationale of maximum entropy methods［J］. Proc TEEE，1982，70：939～952.

[57] Jaynes E T. Information theory and statistical mechanics［J］. Phys Rev，1957，106：620～630.

[58] Yulmetyev R M，Gafarov F M. Dynamics of the information entropy in random processes［J］. Physics A，1999，273（3）：416～438.

[59] Roulston M S. Estimating the errors on measured entropy and mutual information［J］. Physica D，1999，125：285～294.

[60] 邢修三．物理熵、信息熵及其演化方程［J］．中国科学（A辑）：2001，31（1）：77～84.

[61] 陈建军，曹一波，段宝岩．结构信息熵与极大熵原理［J］．应用力学学报，1998，15（4）：116～121.

[62] 王栋，朱元生．最大熵原理在水文水资源科学中的应用［J］．水科学进展，2001（3）：

424 ~ 430.

[63] Sadovskiy M A, Golubeva T V, Pisarenko V F, et al. Characteristic dimensions of rock and hierarchical properties of seismicity [J]. Izvestiya, Earth Phys, 1984, 20: 87 ~ 96.

[64] Lee Y H. The fractal dimension as a measure of the roughness of rock discontinuity profiles [J]. Int J Rock Mech Min Sci and Geomech, Abstr, 1990, 27 (4): 453 ~ 464.

[65] 朱维申，程峰．能量耗散本构模型及其在三峡船闸高边坡稳定性分析中的应用 [J]. 岩石力学与工程学报，2000，19 (3): 261 ~ 264.

[66] Mokkadrem A. Estimation of the entropy and information of absolutely continuous random variables [J]. IEEE Trans, Inform. Theory, 1989, 35 (1): 193 ~ 196.

[67] Fraser A M. Information and entropy in strange attractors [J]. IEEE Trans, Inform, Thoery, 1989, 35 (2): 245 ~ 262.

[68] 孙钧，汪炳鑑．地下结构有限元法解析 [M]. 上海：同济大学出版社，1998.

[69] 王思敬，杨志法，等．地下工程岩体稳定分析 [M]. 北京：科学出版社，1984.

[70] 桑德斯．突变理论入门 [M]. 凌复华，译．上海：上海科学技术文献出版社，1983.

[71] 何广讷．土工的若干新理论研究与应用 [M]. 北京：水利电力出版社，1994.

[72] Poston T, Stewart I. Catastrophe and its application [M]. London: Pitman Publishing Limited, 1978.

[73] Cubbit J M, Shaw B. The geological implications of steady-state mechanisms in catastrophe theory [J]. Math. Geol, 1976, 8 (6): 657 ~ 662.

[74] 顾冲时，吴中如，徐志英．用突变理论分析大坝及岩基稳定性的探讨 [J]. 水利学报，1998，9: 48 ~ 51.

[75] 徐曾和，徐小荷，唐春安．坚硬顶板下煤柱岩爆的尖点突变理论 [J]. 煤炭学报，1995，20 (5): 487 ~ 491.

[76] 尤辉，秦四清，朱世平，等．滑坡演化的非线性动力学与突变分析 [J]. 工程地质学报，2001，9 (3): 331 ~ 335.

[77] 潘岳，耿厚才．“折断式”顶板大面积冒落的尖点突变模型 [J]. 有色金属工程，1989 (4): 21 ~ 28.

[78] Qin S, Jiao J J, Wang S. A Cusp Castastrophe Model of Slip - buckling Slope [J]. Rock Mech. Rock Engng, 2001, 34 (2): 119 ~ 134.

[79] Miao Tiande, Liu Zhongyu, Niu Yong. Unified Catastrophic Model for Collapsible Loess [J]. Journal of Engineering Mechanics, 2002 (5): 559 ~ 598.

[80] 殷有泉，郑顾团．断层地震的尖角型突变模型 [J]. 地球物理学报，1988，31 (6): 657 ~ 663.

[81] 康仲远．岩体准静态运动失稳的 CUSP 型突变模型 [J]. 地震学报，1984，6 (3): 352 ~ 361.

[82] 王芝银，杨志法，李云鹏，等．顺层边坡岩体结构变形分叉灾变特性研究 [J]. 西安矿业学院学报，1999，19 (3): 203 ~ 207.

[83] 二滩水电开发有限责任公司．岩土工程安全检测手册 [M]. 北京：中国水利水电出版社，1999.

[84] Eckmann J P, Ruelle D. Fudamental limitations for estimating dimensions and Lyapunov expo-

nents in dynamical systems [J]. Physica D, 1992, 56: 185 ~ 187.
[85] 刁虎. 某矿山露天地下联合开采相互影响数值模拟分析 [J]. 金属矿山, 2012 (1): 22 ~ 27.
[86] Sugihara G, May R M. Nonlinear forecasting as a way of distinguishing chaos form measurement error in time series [J]. Nature, 1990, 344: 734 ~ 741.
[87] Kim H S, Eykholt R, Salas J D. Nonlinear dynamics, delay times, and embedding windows [J]. Physica D, 1999, 127: 48 ~ 60.
[88] 安鸿志, 陈敏. 非线性时间序列分析 [M]. 上海: 上海科学技术出版社, 1998.
[89] 谭云亮, 王泳嘉, 朱浮声. 矿山岩层运动非线性动力学反演预测方法 [J]. 岩土工程学报, 1998, 20 (4): 16 ~ 19.
[90] Villaescusa E, Schubert C J. Monitoring the performance of rock reinforcement [J]. Geotechnical and Geological Engineering, 1999, 17 (3): 321 ~ 333.
[91] Grassgerger P, Procaccia I. Measuring the strangeness of strange attractors [J]. Physica D, 1983, 9: 189 ~ 208.
[92] Packard N H. Geometry from a time series [J]. Phys. Rev. Lett, 1980, 45 (9): 712 ~ 716.
[93] Wales D J. Calculating the rate of loss of information form chaotic time series by forecasting [J]. Nature, 1991, 350: 485 ~ 488.
[94] 吕金虎, 陆君安, 陈士华. 混沌时间序列分析及其应用 [M]. 武汉: 武汉大学出版社, 2002.
[95] Rosenstein M T, Collins J J, De luca C J. A practical method for calculating largest Lyapunov exponents from small data sets [J]. Physica D, 1993 (65): 117 ~ 134.
[96] 陈益峰, 吕金虎, 周创兵. 基于 Lyapunov 指数改进算法的边坡位移预测 [J]. 岩石力学与工程学报, 2001, 21 (5): 671 ~ 675.
[97] Vapnik V N. The Nature of Statistical Learning Theory [M]. Springer-Verlag, New York, 1995.
[98] Vapnik V N, Levin E, Lecun Y M. Measuring the VC dimension of a learning machine [M]. Neural Computation. MIT Press, 1994 (6): 851 ~ 876.
[99] Mukherjee S, Osuna E, Girosi F. Nonlinear prediction of chaotic time series using support vector machine [C]. Proc. IEEE Workshop on Neural Networks for Signal Processing 7, Institute of Electrical and Electronics Engineers, New York, 1997: 511 ~ 519.
[100] Müller K R, Smola A, Ratsch G, et al. Predicting time series with support vector machines [M]. Porc. Int. Conf. on Artificial Neural Networks, Springer-Ver-lag. Berlin, 1997.
[101] Osuna E, Freund R, Girosi F. An improved training algorithm for support vector machines [C]. Proc, IEEE Workshop on Neural Networks for Signal Processing 7, Institute of Electrical and Electronics Engineers, New York, 1997: 276 ~ 285.
[102] Platt J. Sequential minimal optimization: a fast algorithm for training support vector machines [R]. Tech. Rep. MSR-TR-98-14, Microsoft Research, Redmond, Wash, 1998.
[103] Gavin C Cawley, Nicola L Talbot. Improved sparse least - squares support vector machines [J]. Neurocomputing, 2002 (48): 1025 ~ 1031.
[104] 王定成, 方廷健, 唐毅, 等. 支持向量机回归理论与控制的综述 [J]. 模式识别与人工智能, 2003, 16 (2): 192 ~ 197.

[105] 谭东宁，谭东汉．小样本机器学习理论：统计学习理论 [J]．南京理工大学学报，2001，25（1）：108～112.

[106] John C Platt. Fast Traning of Support Vector Machines Using Sequential Minimal Optimization [J]. Microsoft Research，2000（4）：41～65.

[107] Amari S，Wu S. Improving support vector machine classifiers by modifying kernel functions [J]. Neural Networks，1999（12）：783～789.

[108] Ziehmann C，Smith L A，Kurths J. The bootsrap and Lyapunov exponents in deterministic chaos [J]. Physica D，1999，126：49～59.

[109] Müller K R，Smola A J，et al. Predicting Time Series with Support Vector Machines. In：Germond A，et al.，eds. Proc of the International Conference on Aritificial Neural Networks [M]. Lausaunne，Switzerland，Springer，1997.

[110] Mukherjee S，Osuna E，Girosi F. Nonlinear Prediction of Chaotic Time Series Using a Support Vector Machine [M]. In：Principe J，Gile L，Morgan N，Wilson E，eds. Neural Networks for Signal Processing Ⅶ-Proceedings of the 1997 IEEE Worshop，New York，1997：511～520.

[111] Yagasaki K，Uozumi T. A new approach for controlling chaotic dynamical system [J]. Phys. Lett. A，1998，238：349～357.

[112] Yonas B Dibike，Slavco Velickov，et al. Model Induction with Support Vector Machines：Introduction and Application [J]. Journal of Computing in Civi Engineering，2001（6）：208～216.

[113] Massimiliano Pontil，Alessandro Verri. Properties of support vector machines [J]. Neural Comput，1998，10：955～974.

[114] Amari S，Wu S. Improving support vector machine classifier by modifying kernel function [J]. Neural Networks，1999，12：783～789.

[115] 赵洪波，冯夏庭．非线性位移时间序列预测的进化-支持向量机方法机应用 [J]．岩土工程学报，2003，25（4）：468～471.

[116] 刘开云，乔春生，腾文彦．边坡位移非线性时间序列采用支持向量机算法的智能建模与预测研究 [J]．岩土工程学报，2004，26（1）：57～61.

[117] 冯夏庭，赵洪波．岩爆预测的支持向量机 [J]．东北大学学报，2002，23（1）：57～59.

[118] 王景雷，吴景社，孙景生，等．支持向量机在地下水位预报中的应用研究 [J]．水利学报，2003，5：124～128.

[119] 张浩然，韩正之，李昌刚．基于支持向量机的非线性系统辨识 [J]．系统仿真学报，2003，15（1）：119～121.

[120] 赵洪波，冯夏庭．支持向量机函数拟合在边坡稳定性估计中的应用 [J]．岩石力学与工程学报，2003，22（2）：241～245.

[121] Kugiurmtzis D. State space reconstruction parameters in the analysis of chaotic time series-the role of the time window length [J]. Physica D，1996，95：13～28.

[122] Brown R，Bryant P，Abarbanel H D I. Computing the Lyapunov spectrum of a dynamieal system from an observed time series [J]. Phys. Rev，A，1991，43：2787～2806.

[123] Breeden J L，Hubler A. Reconstructing equations of motion from experimental data with unobserved variables [J]. Phys. Rev. A，1990，42：5817～5826.

[124] Eckmann J P, Kamphorst S O, Ruelle D, et al. Lyapunov exponents from time series [J]. Phy. Rev. A, 1986, 34: 4971 ~ 4979.

[125] Wolf A, Swift J B, Swinney N L, et al. Determining Lyapunov exponents from a time series [J]. Physica D, 1985 (16): 285 ~ 317.

[126] 王东生，曹磊. 混沌、分形及其应用 [M]. 合肥：中国科学技术大学出版社，1995.

[127] 汪树玉，刘国华，杜王盖，等. 大坝观测数据序列中的混沌现象 [J]. 水利学报，1999 (7): 22 ~ 26.

[128] 朱维申，李术才，程峰. 能量耗散模型在大型地下洞群施工顺序优化分析中的应用 [J]. 岩土工程学报，2001，23 (3): 333 ~ 336.

[129] 郑再胜. 岩石变形中的能量传递过程与岩石变形力学分析 [J]. 中国科学（B辑），1990 (5): 612 ~ 619.

[130] 刘军，秦四清，张倬元. 边坡岩体系统的非线性演化和分岔研究 [J]. 成都理工学院学报，2000，27 (4): 379 ~ 382.

[131] 赵启林，卓家寿. BP网络的最大误差学习算法 [J]. 河海大学学报，2000，28 (1): 113 ~ 115.

[132] 许强，黄润秋. 非线性科学理论在地质灾害评价预测中的应用——地质灾害系统分析原理 [J]. 山地学报，2000，18 (3): 272 ~ 277.

[133] 王来贵，刘向峰，宁民霞，等. 岩石力学系统演化过程研究现状 [J]. 辽宁工程技术大学学报，2002，21 (5): 590 ~ 594.

[134] Lechman J B, Griffiths D V. Analysis of the progression of failure of earth slopes by finite elements [C]. Int Anal conference of slope stability, Geothechnical Special Publication, Denver: 2000: 250 ~ 265.

[135] Wong F S. Uncertainties in FE modeling of slope stability [J]. Computer and structures, 1984, 19: 771 ~ 791.

[136] Dawson E M, Roth W H, Drescher A. Slope stability analysis by strength reduction [J]. Geotechnique, 1999, 49 (6): 835 ~ 840.

[137] 黄仰贤. 土坡稳定分析 [M]. 北京：清华大学出版社，1988.

[138] 陈祖煜. 土质边坡稳定分析——原理·方法·程序 [M]. 北京：中国水利水电出版社，2003.

[139] 郑颖人，赵尚毅，张鲁渝. 用有限元强度折减法进行边坡稳定分析 [J]. 中国工程科学，2002，4 (10): 57 ~ 61.

[140] Bishop A W. The use of the slip circle in the stability analysis of slopes [J]. Geotechnique, 1955, 1 (1): 7 ~ 17.

[141] Griffiths D V, Land P A. Slope stability analysis by finite element [J]. Geotechnique, 1999, 49 (3): 387 ~ 403.

[142] Fredlund D, Usage G. Requirements and features of slope stability computer software [J]. Canadian Geotechnical Journal, 1987, 15: 83 ~ 95.

[143] Zou J Z, Williams D J, Xiong W L. Search for critical slip surfaces based on finite element method [J]. Canadian Geotechnical Journal, 1995, 32: 233 ~ 246.

[144] 杨林德. 岩土工程问题的反演理论与工程实践 [M]. 北京：科学出版社，1996.

[145] 赵洪波，冯夏庭. 位移反分析的进化支持向量机研究 [J]. 岩石力学与工程学报，2003，22 (10)：1618 ~ 1622.

[146] Kirkpatrick S，Gelatt C D，Veccki M P. Optimization by simulated annealing [J]. Science，1983，220：671 ~ 680.

[147] 钱向东，傅作新，纽新强，等. 三峡升船机上闸首—基岩的整体稳定性研究 [J]. 岩土力学，2000，21 (3)：213 ~ 216.

[148] 张立志，王文才，刘朋伟. 东采场 C 区边坡综合治理方案选择 [J]. 包钢科技，2012，38 (3)：15 ~ 17.

[149] 许传华，李瑞，任青文. 基于支持向量机的岩体演化的非线性动力学模型与突变分析 [J]. 金属矿山，2004 (11 增刊)：266 ~ 269.

[150] 许传华，任青文，周庆华. 基于支持向量机的岩体演化的非线性动力学模型与突变分析 [J]. 岩石力学与工程学报，2005 (11)：4134 ~ 4138.

[151] 许传华，任青文，郑治，等. 索风营水电站地下洞室岩体力学参数的位移反分析 [J]. 岩土工程学报，2006 (11)：1981 ~ 1985.

[152] 许传华，李瑞，任青文. 围岩稳定的熵突变理论研究 [J]. 岩石力学与工程学报，2004 (6)：1992 ~ 1995.

[153] 许传华，任青文. 围岩稳定分析的非线性理论研究 [J]. 岩土工程技术，2003 (3)：142 ~ 146.

[154] 许传华，任青文. 围岩稳定分析的熵突变准则研究 [J]. 岩土力学，2004 (3)：441 ~ 444.

[155] 孙瑛琳，许传华，韩绍瑛. 岩体演化的非线性动力学模型与稳定性分析 [J]. 岩土工程技术，2008 (12)：286 ~ 288.

[156] 许传华，刁虎，任青文，等. 紫金山金铜矿初始地应力场反演分析 [J]. 岩土力学，2004 (3)：425 ~ 432.

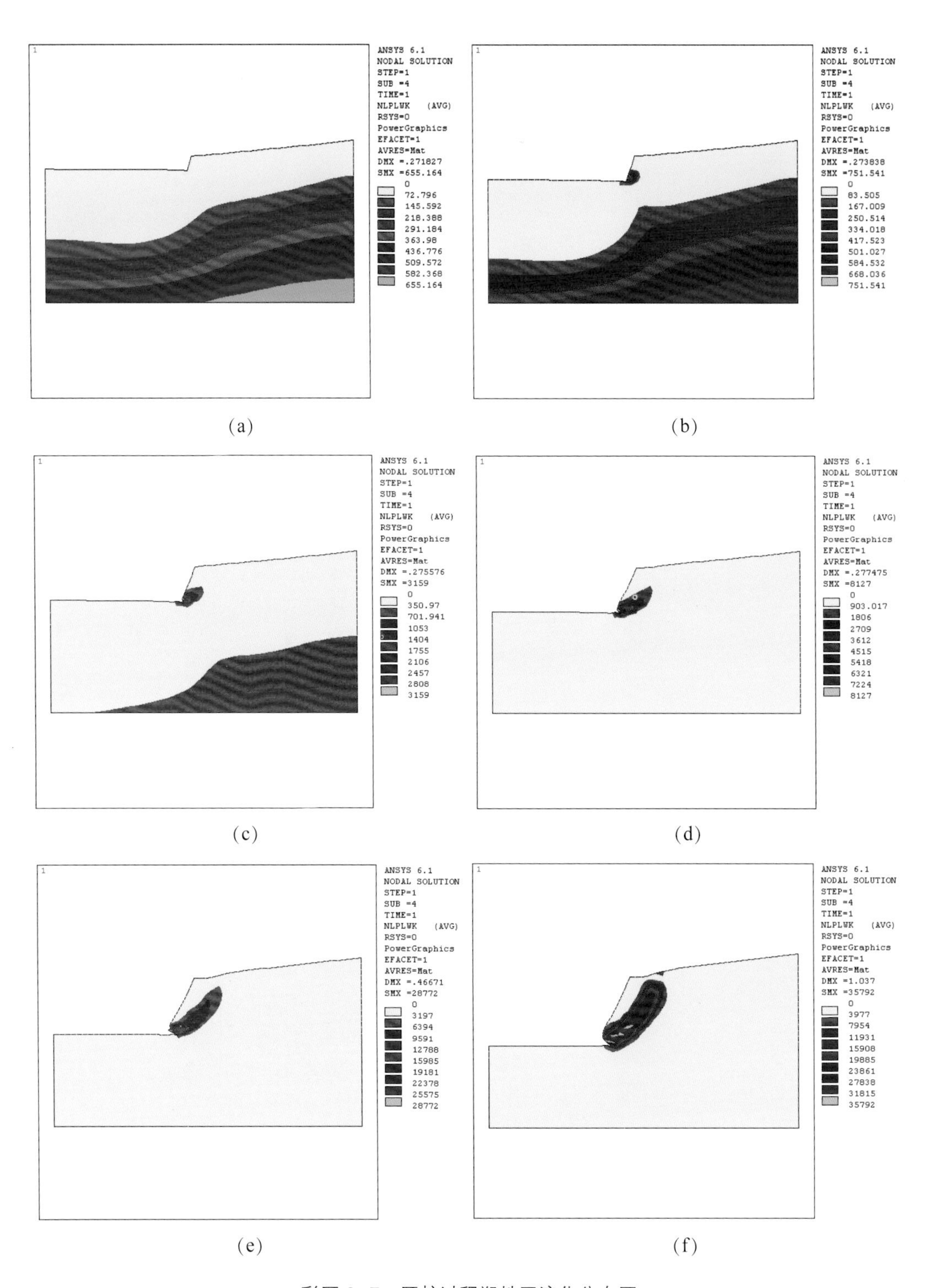

彩图 3-7　开挖过程塑性区演化分布图

(a) 第 1 步开挖时塑性区；(b) 第 2 步开挖时塑性区；
(c) 第 3 步开挖时塑性区；(d) 第 4 步开挖时塑性区；
(e) 第 5 步开挖时塑性区；(f) 第 6 步开挖时塑性区

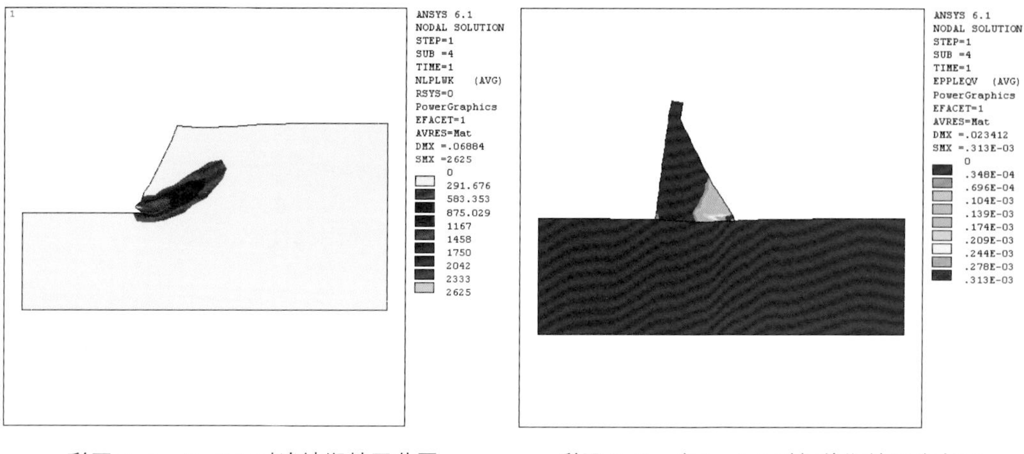

彩图 5-5　F =2.8 时边坡塑性区范围

彩图 5-8　当 k =3.1 时坝体塑性区分布图

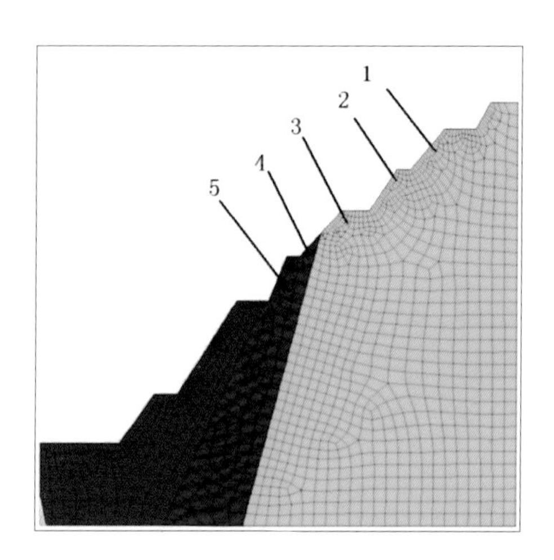

彩图 6-22　6-6 断面计算网格图

（1~5 为位移监测点）

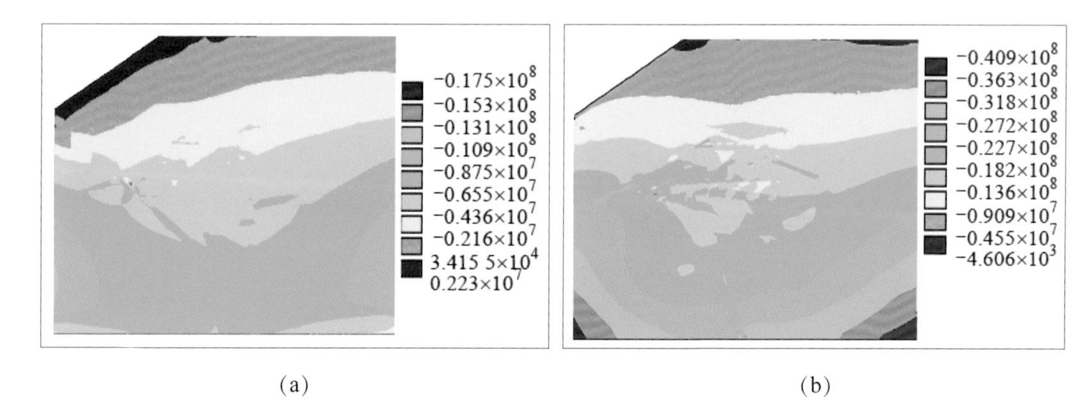

(a)　　(b)

彩图 6-27　勘探线 7 线附近剖面主应力等值线

(a) 最大主应力等值线；(b) 最小主应力等值线